U0673335

古燕 著

量子与贝尔不等式

Quantum Nonlocality and Bell's Inequality

化学工业出版社
·北京·

内容简介

本书系统探讨了不同贝尔类型不等式在不同自旋态下的适用性与违反界限。从量子纠缠基础出发，逐步深入至 Wigner 不等式、扩展贝尔不等式、普适贝尔类型不等式及广义贝尔类型不等式的构建与验证。书中创新性地提出了适用于不同自旋极化纠缠态的修正 Wigner 不等式及扩展贝尔不等式，完善了理论框架。特别是普适贝尔类型不等式与广义贝尔类型不等式的提出，不仅将贝尔不等式的应用范围拓展至不完备测量与多粒子系统，还揭示了量子违反与几何相位因子的深刻联系。

本书内容新颖，逻辑严密，为量子物理领域的研究者提供了宝贵的理论工具与思路启发，尤其适合物理专业的师生及科研人员阅读参考。

图书在版编目（CIP）数据

量子非局域与贝尔不等式 / 古燕著. -- 北京 : 化学工业出版社，2025. 8. -- ISBN 978-7-122-48383-6

I. O413.1

中国国家版本馆 CIP 数据核字第 2025C0S549 号

责任编辑：严春晖　金林茹　　文字编辑：王帅菲
责任校对：田睿涵　　装帧设计：刘丽华

出版发行：化学工业出版社
（北京市东城区青年湖南街 13 号　邮政编码 100011）
印　　装：北京天宇星印刷厂
710mm×1000mm　1/16　印张 $10\frac{3}{4}$　字数 168 千字
2025 年 10 月北京第 1 版第 1 次印刷

购书咨询：010-64518888　　售后服务：010-64518899
网　　址：http://www.cip.com.cn
凡购买本书，如有缺损质量问题，本社销售中心负责调换。

定　　价：98.00 元

前言

量子力学的非局域关联和贝尔不等式一直是量子物理中的重要课题，引起了广泛的关注和研究。2022 年诺贝尔物理学奖的获得者是法国物理学家阿兰・阿斯佩（Alain Aspect）、美国物理学家约翰・克劳泽（John F. Clauser）和奥地利物理学家安东・蔡林格（Anton Zeilinger）。他们通过一系列开创性的实验，证明了量子力学中粒子之间的纠缠现象，挑战了经典物理学的预测，推动了量子信息科学的发展。他们的研究不仅在理论上证明了量子力学的正确性，还在实际应用中为量子计算机、量子网络和安全的量子加密通信等技术奠定了基础。三位获奖者因"用纠缠光子进行实验，确立了对贝尔不等式的违反，并开创了量子信息科学"而获得 2022 年诺贝尔物理学奖。

一直以来，贝尔不等式作为一个研究热点，甚至可以说是一个很古老的课题。2022 年，当听到这个研究领域获得诺贝尔物理学奖的消息，当时已博士毕业的著者，和远在学校的导师梁九卿教授一样，不禁欣喜若狂。本书旨在总结著者多年研究结果，对量子力学中的非局域关联和贝尔不等式进行深入研究和探讨，为读者提供一个广阔而深入的认识视角。本书将从理论模型及应用前景等多个方面进行全面阐述。

在内容上，本书侧重于理论研究，首先介绍量子力学中的非局域关联和贝尔不等式的基本概念和原理，并从理论角度分析它们在量子世界中的重要性质和特征。接着，本书详细介绍这些理论探究的具体方法及过程，包括问题提出、研究设计、数据处理等技术细节。最后，本书展望这些理论和技术在量子信息科学、量子计算等领域的应用前景，并提出未来研究的一些方向和问题。

本书既可作为量子物理学相关专业学生、研究人员和从业者的参考书，也可为对量子力学中非局域关联和贝尔不等式等前沿课题感兴趣的普通读者提供一份有价值的学习资料。著者相信，通过本书的阅读，读者们能更全面、深入地理解量子世界的奥秘，并为未来的研究工作获得有益的启示和借鉴。

著者

目录

第 1 章 量子力学的基础概念 001

1.1 贝尔不等式发展历史及相关概念简介 003
1.1.1 自旋 004
1.1.2 非局域性 006
1.1.3 EPR 佯谬 009
1.1.4 隐变量理论 010
1.1.5 贝尔不等式 011
1.1.6 量子纠缠 013
1.1.7 贝尔不等式的推广 025
1.2 其他概念 042
1.2.1 自旋相干态 042
1.2.2 Berry 相位 047
1.3 本书的内容及结构安排 050

第 2 章 适用于两粒子反平行和平行自旋极化纠缠态的 Wigner 不等式 053

2.1 自旋相干态量子概率统计 054
2.1.1 自旋测量结果关联概率 056
2.1.2 粒子数关联概率 060
2.2 经典概率统计下的 Wigner 不等式及其修正形式的证明 060
2.3 适用于反平行自旋极化纠缠态的 Wigner 不等式违反上限 064
2.4 修正 Wigner 不等式 066
2.5 双光子偏振纠缠态 068
2.5.1 相互垂直偏振的纠缠光子对 070
2.5.2 相互平行偏振的纠缠光子对 072

2.6 用自旋相干态量子概率统计法违反 CHSH 不等式 073
本章小结 083

第 3 章 扩展贝尔不等式及其最大违反 085
3.1 扩展贝尔不等式 086
3.2 经典证明 087
3.3 扩展贝尔不等式的最大违反值 090
3.3.1 反平行自旋极化的纠缠态 090
3.3.2 平行自旋极化的纠缠态 092
3.4 双光子偏振纠缠态 093
3.4.1 相互垂直偏振的纠缠光子对 094
3.4.2 相互平行偏振的纠缠光子对 095
本章小结 096

第 4 章 纠缠猫态的测量结果关联和几何相位诱导的自旋宇称效应 099
4.1 整个希尔伯特空间中自旋态的测量 102
4.1.1 自旋为 3/2 的纠缠猫态 103
4.1.2 任意自旋纠缠猫态 105
4.2 限制在自旋相干态的子空间内的自旋结果测量 106
4.2.1 两种纠缠猫态的自旋宇称效应 107
4.2.2 普适贝尔类型不等式的违反 111
4.2.3 普适贝尔类型不等式的经典证明 115
本章小结 117

第 5 章 适用于多粒子任意自旋纠缠猫态的广义贝尔类型不等式 119
5.1 广义贝尔类型不等式 121
5.2 多粒子自旋 1/2 纠缠猫态时贝尔类型不等式的最大违反界限 122
5.2.1 三粒子自旋 1/2 纠缠猫态 122
5.2.2 四粒子自旋 1/2 纠缠猫态 125
5.2.3 多粒子自旋 1/2 纠缠猫态 125
5.3 多粒子任意自旋时的自旋宇称效应 128
5.3.1 三粒子自旋 s 纠缠猫态 129

5.3.2 四粒子自旋 s 纠缠猫态 131
5.3.3 多粒子自旋 s 纠缠猫态 132
5.4 普适贝尔类型不等式推广到多粒子的经典证明 135
本章小结 139

第 6 章
关于贝尔不等式的展望
141

参考文献
156

第1章

量子力学的基础概念

量子力学是一个令人着迷的领域，它与我们日常生活中所熟悉的经典世界有着根本的不同。本章将展开更多关于量子力学的内容，以帮助读者更好地理解这个奇妙而神秘的领域。首先，让我们回顾一下经典物理学给我们带来的认知。在经典物理学中，我们习惯于通过观察和测量来确定物体的位置、速度和其他属性。我们相信物体的运动是可以准确预测和描述的，而且物体的性质是可以清晰区分的。这种经典物理学的逻辑体系给我们带来了对宏观世界的直观理解，为我们的科技发展和工程实践提供了坚实基础。然而，当我们开始接触量子力学时，我们发现这种直观的理解在微观世界中并不适用。量子力学告诉我们，微观粒子的位置、动量和其他性质并不是绝对确定的，而是存在一定的不确定性。这种不确定性原则是由海森堡不确定关系提出的，它告诉我们在测量某个粒子的位置和动量时，我们无法同时获得它们的精确数值，而只能得到它们之间的模糊关系。这种不确定性原则是量子力学中最引人注目的特点之一，它挑战了我们对经典世界的直观理解。在量子力学的世界里，微观粒子表现出了一种既像波又像粒子的二象性，这意味着它们既具有粒子的离散性，又具有波的波动性。这种奇特的行为在经典世界中是难以想象的。

除此之外，量子力学还引入了其他许多令人惊奇的概念，比如量子纠缠和量子隧穿效应。量子纠缠指的是两个或多个粒子之间存在着一种神秘的联系，即使它们之间的距离很远，改变一个粒子的状态也会立即影响到其他粒子的状态，这种现象超出了我们日常生活中的知觉。量子隧穿效应则告诉我们，在经典物理学中认为不可能发生的事情，比如粒子穿过势垒而不被阻挡，在量子力学中却是有可能的，这给我们带来了对自然规律的深刻思考。正是这些奇妙的现象和概念使得量子力学成为了一门极富挑战性和具有深刻意义的科学。它不仅挑战了我们对世界的认知，还为我们揭示了微观世界的本质和规律。因此，对于初识量子力学的人来说，这的确是一次奇妙的经历，量子力学颠覆了我们对自然规律的传统认知，同时也为我们打开了探索世界的新大门。在深入研究量子力学的过程中，我们会发现它蕴含着丰富的数学结构和深刻的哲学思考。量子力学的数学形式，比如薛定谔方程和量子力学算符，都是极具挑战性和美感的。它们使我们放弃经典世界的直观图像，而转向以抽象的数学形式来描述微观世界的规律。这种数学上的挑战也是量子力学吸引人的地方之一，它要求我们以全新的方式来思考和理解世界。除了数学上的挑战，量子力学还引发了许多哲学上的思考。量子力学的出现使得我们对于物理世界的本质和观察者的作用有了全新的认识。量子力学告诉我们，观察者的存在和观察方式会影响到微观粒子的状态，这种观察者效应在经典世界中是难以想象的。这种观察者效应引发了许多哲学家和科学家对于观察者和被观测对象之间关系的深入思考，它为我们提供了重新审视自身在宇宙中的定位的机会。此外，量子力学还为我们提供了许多实际应用的机会，比如量子计算、量子通信和量子传感器等。这些新兴领域的发展将为科技和社会带来革命性变革，它们将彻底改变我们的信息处理能力、通信方式和测量技术。量子力学的实际应用也是让人兴奋不已的一部分，它们将为我们带来更加便捷和高效的生活方式。

总而言之，初识量子力学，就像踏入了一个全新的世界，这个世界与我们熟知的经典世界大相径庭，充满了奇妙和挑战。在深入了解和研究量子力学的过程中，我们会发现它蕴含着丰富的内涵和深刻的意义，它挑战了我们的直观理解，同时也为我们提供了全新的思考和探索空间。量子力学的魅力在于它的深邃和神秘，它为我们揭示了世界的另一面，也为我们的科学和技术发展开辟了全新的前景。让我们一同走进这个充满挑战和奇迹的领域，去探索它的奥秘和可能性，为我们的认知和文明发展迈出新的一步。

1.1 贝尔不等式发展历史及相关概念简介

在量子力学的发展历程中，一个重要的里程碑是约翰·贝尔提出的贝尔不等式。贝尔不等式的引入源于对量子纠缠现象的深入研究。早在 20 世纪 30 年代，爱因斯坦、波多尔斯基和罗森（Einstein-Podolsky-Rosen）提出了著名的纠缠思想实验（EPR 佯谬），这个实验旨在揭示量子力学中似乎存在的“奇怪”现象。然而，直到 1964 年，贝尔才给出了一种新的数学表述，即贝尔不等式，来验证量子力学与传统局域实在论之间的差异。贝尔的工作揭示了一个令人震惊的事实：量子力学的预测与经典物理学的局域实在论存在着根本的不同。贝尔不等式的核心观点是利用统计学的方法来检验量子系统中的相关性。若按照传统的局域实在论运作物理系统，贝尔不等式应该成立。然而，大量的实验证据表明，量子力学中的纠缠现象违背了贝尔不等式，进一步证实了量子力学与传统观念之间的差异。贝尔不等式的提出引发了对量子纠缠和隐变量理论的广泛研究。量子纠缠是指两个或多个粒子之间存在着非常特殊的关联，无论它们之间的距离有多远，这种关联都会立即影响到它们彼此的状态。隐变量理论则试图解释量子力学中的这些奇特现象，并提供一种基于隐变量的局域实在论解释。贝尔不等式的发展历史告诉我们，量子力学的本质是复杂而深邃的。它挑战了我们对于自然界的经典观念，为我们揭示了微观世界的非凡规律。贝尔不等式的研究推动了量子信息科学、量子计算和量子通信等领域的发展，为我们提供了更加深入的认知和技术应用。通过持续深化研究和探索的进程，我们能够更加透彻地领悟贝尔不等式的内涵，进而将其拓展至更多领域加以应用，从而为科学的发展和人类社会的进步贡献力量。

本章从贝尔不等式的经典推导和量子力学对其的违反两个不同的角度凸显了非局域性在量子力学领域的重要意义。最初研究贝尔不等式时考虑了自旋单态，因而在 1.1.1 节和 1.1.6 节分别介绍了自旋和量子纠缠这两个基本概念。从 1.1.2 节非局域性、1.1.3 节 EPR 佯谬及 1.1.4 节隐变量理论引出贝尔不等式的问世。在 1.1.5 节和 1.1.7 节分别介绍了贝尔不等式及其推广的 Wigner 不等式、CHSH 不等式。本书的研究主要涉及自旋相干态量子概率统计方法，为了更好地理解后面章节的研究内容，1.2 节介绍了除了贝尔不等式的其他概念，包括 1.2.1 节的自旋相干态和 1.2.2 节的 Berry 相位。其中，1.2.1 节介绍了自旋相干态的两种定义及具体表达式，南、北极自旋相干态之间相差的几何相位因子，即 Berry 相位。1.2.2 节介绍了 Berry 相位的由来。

1.1.1 自旋

1925 年，荷兰物理学家乌伦贝克（George Uhlenbeck）和古德斯密特（Samuel Goudsmit）进行了一系列实验，通过研究碱金属光谱的双线结构和反常塞曼效应，提出了电子自旋的假设。他们发现，电子具有一种内在的属性，被称为自旋，它是电子自身固有的角动量。与电子轨道运动所产生的轨道角动量[1]不同，自旋是电子的内禀属性。自旋对应着电子的内禀磁矩，这意味着电子在磁场中会表现出特定的行为。乌伦贝克和古德斯密特的实验结果在施特恩-格拉赫实验中得到了直接证实。施特恩-格拉赫实验使用了一个磁场梯度，使得具有不同自旋方向的电子束在空间上分离开来，从而证明了电子的自旋存在。进一步的实验表明，不仅电子具有自旋，许多其他粒子也可以用自旋和内禀磁矩这些物理量来标记。这些粒子可以是中子、质子、电子等，但并不涉及静质量和电荷等其他属性。这表明自旋作为一种物理量具有广泛的适用性和重要性。这里所讲的粒子可以是一个基本粒子，也可以是类似基本粒子的一个复合粒子（例如一个原子核）。一个粒子的自旋用“s”来表示。大多数基本粒子（电子，正电子，质子，中子，μ 子，所有的超子 Λ、Σ、Ξ）具有 1/2 的自旋，有些基本粒子（π 介子和 K 介子）的自旋等于零。

有趣的是，一个粒子是否遵守费米-狄拉克统计或玻色-爱因斯坦统计是由其自旋的特性决定的。粒子的自旋是半整数还是整数，决定了其遵循的统计规律。费米-狄拉克统计适用于自旋为半整数的粒子，如电子，而玻色-爱因斯坦统计适用于自旋为整数的粒子。这种自旋与统计规律的关系使得自旋成为理解微观粒子行为的重要物理量之一。总结而言，乌伦贝克和古德斯密特的实验为我们揭示了自旋的存在和重要性。自旋作为粒子内在的角动量，通过内禀磁矩在实验中得到了直接证实。它不仅适用于电子，还适用于许多其他粒子，并且与粒子的统计规律密切相关。自旋的发现和研究为我们深入理解微观粒子的行为提供了重要的线索和基础。

一个粒子的自旋为 1/2 时泡利矩阵表示为

$$\hat{\sigma}_x=\begin{pmatrix}0 & 1\\ 1 & 0\end{pmatrix}\qquad \hat{\sigma}_y=\begin{pmatrix}0 & -\mathrm{i}\\ \mathrm{i} & 0\end{pmatrix}\qquad \hat{\sigma}_z=\begin{pmatrix}1 & 0\\ 0 & -1\end{pmatrix}\tag{1.1}$$

泡利矩阵满足的性质是

$$\begin{aligned}&[\hat{\sigma}_i,\ \hat{\sigma}_j]=2\mathrm{i}\varepsilon_{ijk}\hat{\sigma}_k\\ &\{\hat{\sigma}_i,\ \hat{\sigma}_j\}=2\delta_{ij}\end{aligned}\tag{1.2}$$

式中，ijk 正循环时，$\varepsilon_{ijk}=1$；逆循环时，$\varepsilon_{ijk}=-1$；任意两个相等时，$\varepsilon_{ijk}=0$。一个自旋为 1/2 的粒子的自旋角动量表示为 $\hat{S}=\hbar\hat{\sigma}/2$，自旋角动量 $\hat{S}$ 与轨道角动量 $\hat{L}$ 构成总角动量算符 $\hat{J}$。总角动量算符 $\hat{J}$ 的三分量 $\hat{J}_x$、$\hat{J}_y$、$\hat{J}_z$ 在（$\hat{J}^2$，$\hat{J}_z$）表象中的矩阵元素分别表示为

$$\begin{aligned}\langle j',m'|J_x|j,m\rangle=&\frac{1}{2}\sqrt{j(j+1)-m(m+1)}\,\hbar\delta_{jj'}\delta_{m+1,m'}\\ &+\frac{1}{2}\sqrt{j(j+1)-m(m-1)}\,\hbar\delta_{jj'}\delta_{m-1,m'}\end{aligned}$$

$$\langle j',m'|J_y|j,m\rangle=\frac{1}{2\mathrm{i}}\sqrt{j(j+1)-m(m+1)}\,\hbar\delta_{jj'}\delta_{m+1,m'} \tag{1.3}$$

$$-\frac{1}{2\mathrm{i}}\sqrt{j(j+1)-m(m-1)}\,\hbar\delta_{jj'}\delta_{m-1,m'}$$

$$\langle j',m'|J_z|j,m\rangle=m\hbar\delta_{mm'}$$

根据上述矩阵元素，我们可以表示出任意自旋 j 的矩阵形式。若 $j=1$，角动量矩阵是 3×3 的方阵，分别为

$$\hat{J}_x=\frac{\hbar}{\sqrt{2}}\begin{pmatrix}0&1&0\\1&0&1\\0&1&0\end{pmatrix}\qquad \hat{J}_y=\frac{\hbar}{\sqrt{2}}\begin{pmatrix}0&-\mathrm{i}&0\\\mathrm{i}&0&-\mathrm{i}\\0&\mathrm{i}&0\end{pmatrix}\qquad \hat{J}_z=\hbar\begin{pmatrix}1&0&0\\0&0&0\\0&0&-1\end{pmatrix} \tag{1.4}$$

在后面章节中将会用到任意自旋时自旋角动量的矩阵形式。

1.1.2 非局域性

非局域性是量子力学中最重要的特征之一。在经典物理学中，我们习惯于基于时间和空间的经典场论来描述自然界的现象[2,3]。然而，当我们进入微观世界，即原子和粒子的尺度时，我们发现经典物理学无法完全解释所观察到的现象。量子力学的出现彻底改变了我们对自然界的认识，非局域性成为了其中一个重要的特征。在量子力学中，非局域性指的是当两个粒子发生纠缠时，它们之间存在一种看似超光速的相互影响。纠缠是一种特殊的量子态，当两个或多个粒子之间处于纠缠状态时，它们的状态之间会产生一种神秘的联系。如果我们对其中一个粒子进行测量并改变其状态，与之纠缠的另一个粒子的状态也会立即发生改变，即使它们之间的距离很远。这种现象似乎违反了经典物理学中的因果关系，即一个事件的发生不应该能够立即影响到另一个与其空间距离很远的事件。非局域性在量子力学中引起了广泛的讨论和研究。它挑战了我们对现实的知觉和经典物理学的基本假设。虽然非局域性暗示了信息的超光速传递，但实际上并不能用来进行超光速通信或信息传输。量子力学中存在着不确定性原理，即无法同时准确确定粒子的位置和动量。这种不确定性限制了我们对纠缠状态的控制和利用，因此不能实现超光速通信。

纠缠态在量子信息处理中扮演着核心角色，尤其是在量子隐形传输和量子密码学等领域。理想情况下，这些应用倾向于利用纯态且处于最大纠

缠状态的量子系统。然而，在实际操作中，由于耗散和退相干的影响，我们所能利用的态往往是非最大纠缠态或部分混合态，即不纯的态，或是这两种特性的混合。为了解决这一问题，研究者们提出了多种纠缠蒸馏、状态纯化和浓缩的策略。在文献［2］中，作者们通过实验验证了一种方法，该方法能够从纠缠态的输入中有效提取出最大纠缠态。他们利用部分偏振器进行了过滤过程，旨在最大程度地提升由自发参数下的转换过程产生的纯偏振纠缠光子对的纠缠程度。这一方法被应用于部分混合的初始态。经过过滤后，所得到的蒸馏态展现出了特定的非局域相关性，具体表现为它们违反了贝尔不等式。值得注意的是，初始态不具备这种性质，因此可以认为这些蒸馏态具有“隐藏”的非局域性。图 1.1 展示了观察纠缠蒸馏和非局域性的实验设置，两个相邻硼酸钡（BBO）晶体的自发参量下转换产生了偏振纠缠光子。

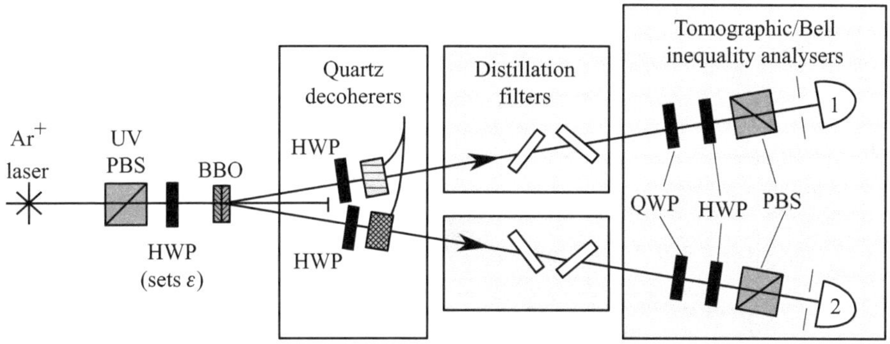

图 1.1　用于观察纠缠蒸馏和非局域性的实验设置

Ar^+ laser—氩离子激光器；UV PBS—紫外偏振分束器（ultraviolet polarizing beam splitter）；HWP—半波片（half-wave plate）；BBO—β-偏硼酸钡（β-barium borate）；Quartz decoherers—石英退相干器；Distillation filters—蒸馏过滤器；Tomographic/Bell inequality analysers—断层扫描/贝尔不等式联合分析仪；QWP—四分之一波片（quarter-wave plate）

在图 1.2 中，该实验展示了纠缠态的纠缠蒸馏结果。图 1.2(a) 左侧为初始、未过滤状态下测量到的双光子偏振密度矩阵：$0.41|HH\rangle+0.91|VV\rangle$；右侧为经过适当的广义过滤测量后得到的最大纠缠态。只显示实数部分，虚数分量（理论上严格为零）通常小于 1%。图 1.2(b) 展示了输入光子对在蒸馏过程中的存活率与初始纠缠度 ε 的函数关系图，实体曲线是在最佳条件下的理论预测，其中滤波器的水平偏振透射率 T_H 是 1。

这些数据点（以实心圆表示）精确地依据 T_H 和 T_V（垂直偏振透射率）的实际测量值，预测了理论模型的走向。在蒸馏过程中，仅采用了局部操作（即滤波器）和经典通信手段（即同时计数），而非局域性特征的实现则依赖“条件概率”的概念。两个光子分别通过它们各自对应的偏振器进行传输。

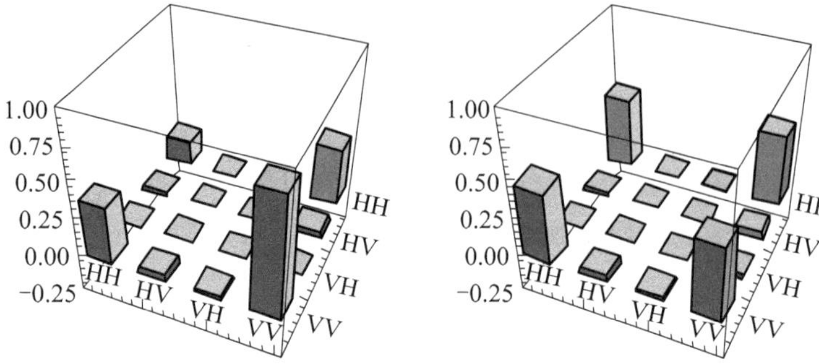

(a) 双光子偏振密度矩阵与测量得到的最大纠缠态

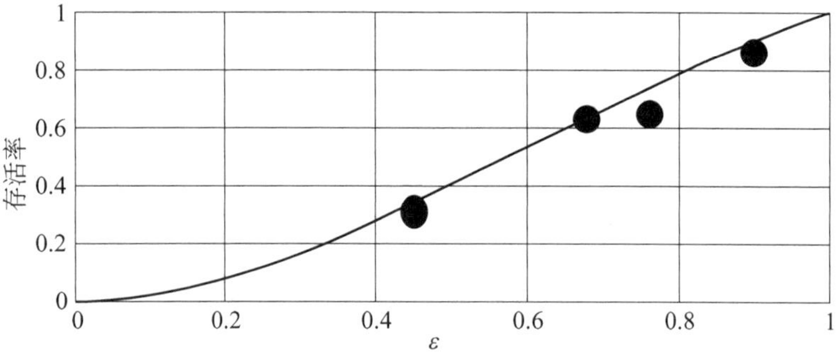

(b) 输入光子对在蒸馏过程中的存活率与初始纠缠度的函数关系

图 1.2　纠缠态的纠缠蒸馏结果

非局域性具有重要的科学意义。它揭示了自然界深层次的规律和相互关联性。非局域性的研究不仅有助于我们更好地理解量子力学的基本原理，还可以为量子信息科学、量子计算和量子通信等领域的发展提供新的思路和方法。在过去的几十年里，科学家们进行了大量的实验来验证非局域性的存在。贝尔不等式是用来检验非局域性的一种工具。实验结果与贝尔不等式的预测相矛盾，表明非局域性是真实存在的。这些实验奠定了量子力学的基础，并使我们对自然界的认识产生了深远的影响。总之，非局域性是量子力学中最重要的特征之一。它揭示了微观世界的奇妙和复杂性，挑战了我们对现实的知觉和经典物理学的基本假设。尽管非局域性不能用于超光速通信，但它仍然具有重要的科学意义，并为量子信息科学和相关领域的发展提供了新的思路和方法。通过继续深入研究非局域性，我们可以更好地理解量子力学的基本原理，并在解决未来的科学难题中发挥作用。

1.1.3 EPR 佯谬

在研究物理学时，我们往往将世界分为经典世界和量子世界。在经典世界中，物体的运动和行为可以通过牛顿力学等传统的物理学理论来描述。然而，在量子世界中，粒子的运动和行为却受到了观察者的干扰，其运动规律和行为也无法被完全预测。贝尔不等式的建立可以说是在经典世界和量子世界之间架起了一座桥梁，让我们更深入地理解和洞察这两种世界。贝尔不等式的发展历史可以追溯到相对论和量子力学的早期阶段。爱因斯坦、波多尔斯基和罗森在 1935 年“物理实在的量子力学描述可以被认为是完整的吗?”一文中提出了“爱因斯坦-波多尔斯基-罗森悖论”（就是著名的 EPR 佯谬），他们认为，在描述物理实在时量子力学是不完备的[4]。一个物理量存在的充分条件是能够在不干扰系统的情况下确定地预测它。在量子力学中，对于由非交换算符描述的两个物理量，对其中一个的了解排除了对另一个的了解。他们提出两个观点：①量子力学中波函数对实在性的描述是不完整的；②粒子的动量和坐标不能同时具有确定的值，即这两个量不可能同时具有物理实在性。当在对一个系统进行测量的基础上对另一个系统进行预测时，若两系统曾发生相互作用，则如果①是假的，那么②也是假的。由此得出结论，波函数所给出的对实在性的描述是不完整的。因为它似乎涉及超距作用，即没有传统力学中的因果联系。这个悖论引发了许多关于量子力学本质的争论和研究。在量子力学中，描述具有单一自由度的粒子时，该理论的核心是“态”的概念，该粒子可被认为是完全由波函数 ψ，即用来描述粒子行为的变量函数表征的。每一个可观察的物理量 $\hat{A}$ 对应一个算符，可以用相同的字母来表示。如果 ψ 是算符 $\hat{A}$ 的本征函数，那么有 $\psi' \equiv \hat{A}\psi = a\psi$，且 a 是一个数，当粒子给出确定的状态 ψ 时，物理量 $\hat{A}$ 有着确定的值 a。根据实在性原则，对于一个处在状态 ψ 的粒子，存在一个与物理量 $\hat{A}$ 相对应的物理实在元素。

在EPR佯谬中，爱因斯坦等人提出了一个重要的假设：如果我们可以确定地预测一个物理量的取值，那么这一物理量必定存在着一个对应的物理实在元素。这个假设意味着，两个空间上分开且没有超距作用的物理系统，它们各自的物理量的取值应当是独立而不相互关联的（即不存在非局域关联）。然而，这些论断违背了量子力学的基本原理。量子力学中确实存在的EPR态实际上就隐含了非局域关联的存在和合理性[5]。贝尔在1964年提出了一种方法来验证EPR佯谬中的假设，他提出了一个被称为贝尔不等式的判断标准。贝尔不等式是一种数学表达式，用于检验量子力学中的非局域关联是否真实存在。如果贝尔不等式被违反，则说明EPR佯谬中的假设是错误的，也就是说，物理量的取值并没有对应的物理实在元素。这就揭示了量子力学与经典物理学之间的不同之处，即量子力学中存在着非局域关联，经典物理学中则不存在这种非局域关联。随着科学技术的发展，人们逐渐开始利用贝尔不等式来验证量子纠缠和非局域关联的存在。实验结果显示，贝尔不等式的预测与观测数据相吻合，这有力地证实了量子力学中所描述的非局域关联确实存在。这是一个突破性的发现，也为我们更深入地理解量子世界提供了新的途径。总之，贝尔不等式的建立和发展为我们提供了一个更加深入的认识量子力学的机会。通过贝尔不等式的研究，我们可以更好地理解量子力学中的非局域关联、量子纠缠和量子隐形传态等现象，也为我们进一步探索宇宙本质提供了更多的线索。

1.1.4 隐变量理论

在20世纪50年代，戴维·玻姆深入探究了自旋为1/2的双粒子系统中所展现的自旋纠缠态，并提出了隐变量概念。他引入了一个简易的EPR佯谬实验方案，该方案涉及一个中性介子衰变为电子-正电子对。在这个实验中，观察到电子自旋向上而正电子自旋向下，或者电子自旋向下而正电子自旋向上的现象。尽管无法精确预见具体的自旋配对情况，戴维·玻姆却明确指出，电子与正电子的自旋测量结果之间存在着关联性，且观测到的自旋单态正是纠缠态的一个典型例证。为了完全描述这个体系的状态，隐变量理论应运而生。隐变量理论是对量子力学的一种替代解释，提出了一种与标准量子力学不同的观点。根据隐变量理论，量子力学中所表现出的不确定性和非局域性特征，被归因于那些尚未被我们观测到、潜藏于系统内部的某些额外变量的影响。这些变量包含了一些暂时未能够完全理解的信息，使得我们无法准确预测或描述粒子的行为。隐变量理论主张，量子力学中观察到的随机性和不确定性，仅仅是因为我们未能全面掌握系统内部的所有信息。按照这一理论，若能获取足够详尽的信息，量子系统的行为将能够被精确无误地预测和描述。然而，这一观点面临着来自实验数据及贝尔不等式等多方面的严格挑战和限制。

贝尔不等式的实验证明，在某些情况下，隐变量理论无法与实验结果达成一致，而量子力学的预测却得到了验证。这表明隐变量理论不能作为一个完备的替代解释。隐变量理论的基本思想是：存在一种隐含的变量，所有关于这种变量的理论都遵循局域性和实在性的原则。量子力学所展现出的非局域性和非实在性，是对这一变量进行统计系综平均的结果。因此，隐变量是否存在成为了判断量子力学理论是否完备的关键性因素[5]。尽管隐变量理论在理论上具有一定的吸引力，但目前大多数物理学家倾向于接受标准量子力学，并将隐变量理论视为不太可能的替代解释。这是因为贝尔不等式的实验证据表明，隐变量理论无法解释某些实验结果，而量子力学能够准确预测和描述这些结果。在继续探究隐变量理论的发展时，人们也在不断深入研究量子纠缠、非局域性以及量子力学的其他基本概念。这些研究有助于我们更好地理解量子世界，并为未来的科学发展提供新的方向和可能性。然而，隐变量理论受到了实验数据和贝尔不等式等方面的限制。尽管如此，隐变量理论的研究仍在进行中，以期对量子力学的本质有更深入的认识。

1.1.5 贝尔不等式

约翰·贝尔在 1964 年发表了一篇题为“论爱因斯坦-波多尔斯基-罗森佯谬”的论文，在其中提出了贝尔不等式[6]。基于局域实在论和隐变量的假定，贝尔研究了自旋为 $h/2$ 的二粒子体系的两粒子，其自旋沿着空间任意两个方向 $\boldsymbol{a}$ 和 $\boldsymbol{b}$ 的投影的关联。贝尔考虑了自旋单态

$$|\psi_s\rangle=\frac{1}{\sqrt{2}}(|+,-\rangle-|-,+\rangle) \tag{1.5}$$

用物理观测量 A 和 B 分别表示两个粒子的自旋测量结果，写为

$$A(\boldsymbol{a},\lambda)=\pm 1,B(\boldsymbol{b},\lambda)=\pm 1 \tag{1.6}$$

两个粒子的测量结果均由其各自的测量方向以及共同的隐变量决定。具体而言，第一个粒子的测量结果 A 取决于它的测量方向 $\boldsymbol{a}$ 和隐变量 λ；

同样地，第二个粒子的测量结果 B 取决于它的测量方向 $\boldsymbol{b}$ 和隐变量 λ。隐变量，从字面上来理解，指的是那些隐藏且尚未被知晓的变量。这些变量可以是一个单独的变量，也可以是多个变量的集合，它们既可以是离散的变量，也可以是连续的变量。隐变量的概率密度分布 $\rho(\lambda)$ 满足归一化条件，两粒子分别沿着空间任意两个方向 $\boldsymbol{a}$ 和 $\boldsymbol{b}$ 探测的自旋测量结果关联概率表示为

$$P_{\mathrm{lc}}(\boldsymbol{a},\boldsymbol{b})=\int\rho(\lambda)A(\boldsymbol{a},\lambda)B(\boldsymbol{b},\lambda)\mathrm{d}\lambda \tag{1.7}$$

当观测者对两个粒子沿着同一方向测量时，它们的结果展现出完全的反关联性。这用公式表示为 $A(\boldsymbol{a},\lambda)=-B(\boldsymbol{a},\lambda)$，因此式（1.7）被重写为

$$P_{\mathrm{lc}}(\boldsymbol{a},\boldsymbol{b})=-\int\rho(\lambda)A(\boldsymbol{a},\lambda)A(\boldsymbol{b},\lambda)\mathrm{d}\lambda \tag{1.8}$$

此时可推导出众所周知的贝尔不等式[6]，为

$$\begin{aligned}
&|P_{\mathrm{lc}}(\boldsymbol{a},\boldsymbol{b})-P_{\mathrm{lc}}(\boldsymbol{a},\boldsymbol{c})|\\
&=\left|-\int\rho(\lambda)\left[A(\boldsymbol{a},\lambda)A(\boldsymbol{b},\lambda)-A(\boldsymbol{a},\lambda)A(\boldsymbol{c},\lambda)\right]\mathrm{d}\lambda\right|\\
&=\left|-\int\rho(\lambda)A(\boldsymbol{a},\lambda)A(\boldsymbol{b},\lambda)\left[1-A(\boldsymbol{b},\lambda)A(\boldsymbol{c},\lambda)\right]\mathrm{d}\lambda\right|\\
&\leqslant\int\rho(\lambda)\left[1-A(\boldsymbol{b},\lambda)A(\boldsymbol{c},\lambda)\right]\mathrm{d}\lambda\\
&=1+P_{\mathrm{lc}}(\boldsymbol{b},\boldsymbol{c})
\end{aligned}$$

式中，下标“lc”表示局域性（locality），表明贝尔不等式在经典概率统计的局域实在论假设下成立。这里的局域实在论假设分为局域性假设和实在性假设。局域性假设是指不存在超距作用，任何两点之间的信息、能量、物质的传递不能超过光速。实在论假设是指客观世界的物理量有着本身确定的值，与是否进行测量或者观察无关。在贝尔不等式中，局域实在论假设表示为第一个粒子的测量结果与第二个粒子的测量方向设置无关，第二个粒子的测量结果与第一个粒子的测量方向设置无关。

伟大的物理学家贝尔在提出贝尔不等式的基础上指明了“没有任何局域隐变量理论能够复制所有量子力学预测”的贝尔定理[6]。也就是说，量子力学将违反贝尔不等式。贝尔不等式是用来区分经典力学和量子力学的一个重要判据。贝尔的工作揭示了量子理论中存在着与传统物理观念截然不同的非局域性质，即所谓的“纠缠”。他证明了如果存在一种局域隐变

量理论来解释量子力学的结果，那么其实验结果将满足特定的不等式，即贝尔不等式。然而，后来的实验证实了这一不等式在某些情况下被违反，这意味着量子力学与传统的局域实在论存在根本性的矛盾。贝尔不等式是在隐变量假设与局域实在论的框架下，基于经典概率统计原理构建的不等式。这里的局域性即爱因斯坦相对论中的“信息传播不可以超过光速”，它表现为有实际距离的物体不能被实空间中的物理体系立刻影响。并且，实验中未知的某些或者某个参量因素的影响能够导致量子力学呈现出不确定性。

1.1.6 量子纠缠

量子力学是描述微观粒子行为的理论框架，其中一个重要概念就是量子态。量子态可以描述一个系统的全部性质和状态，尤其在涉及复合系统时更加关键。在这里，我们考虑一个由两个粒子构成的复合系统。对于这个复合系统的量子态，可以有两种类型：可分离态和纠缠态。可分离态指量子态可以被写成两个单个粒子的乘积形式。换句话说，系统的总量子态可以分解为两个独立的单粒子态。这意味着每个粒子都可以被单独地进行描述，而无须考虑它们之间是否存在任何相互关联或相互作用。可分离态的一个例子是两个粒子的简单叠加态，例如，一个粒子处于自旋向上的状态，另一个粒子处于自旋向下的状态。相反，当量子态无法被写成单个粒子的乘积形式时，我们称之为纠缠态[7]。纠缠态是一种非常特殊且奇特的量子现象，它表明两个粒子之间存在着一种深度的联系和相互依赖。换句话说，我们无法将这个复合系统的量子态简单地分解为两个独立的单粒子态。一个典型的纠缠态实例便是著名的 EPR 纠缠态，它揭示了两个粒子间存在的纠缠关系，这种关系导致它们在某些测量结果上展现出高度的相互关联性。

1935 年，薛定谔首次提出了“纠缠态”这一概念[8]。在同一年，爱因斯坦、波多尔斯基与罗森三人联合发表了一篇著名的论文，即 EPR 佯谬论文，对量子力学的正统解释进行了批判，并提到了纠缠态[4]。他们认为，根据量子力学的描述，两个纠缠态粒子之间的相互关联似乎以超光速传播信息，这违背了相对论的局限性。这引发了学者们对量子力学的深入讨论和探索，也推动了后续量子力学研究的发展。纠缠态的研究对于理解量子力学的基本原理和应用具有重要意义。它不仅在基础物理学领域产生了深远的影响，而且在量子信息科学、量子计算以及量子通信等多个前沿领域中也扮演着至关重要的角色。通过利用纠缠态的特殊性质，科学家们可以设计和实现更加高效和安全的量子通信和计算方案。总而言之，量子态是用于描述复合系统的重要概念。可分离态意味着一个量子态能够表示为各个单独粒子态的乘积形式，相反，纠缠态意味着它无法被简单地拆解成各自独立的单粒子态。纠缠态的研究对于理解量子力学的基本原理和应用至关重要，并在许多领域中展现出巨大的潜力和影响。

为了明确区分可分离态与纠缠态，本小节引入了量子比特的概念，它代表二维复数空间中的矢量，并分为两种不同的极化状态（$|0\rangle$ 和 $|1\rangle$）来进行讨论。这种表示适用于量子信息领域。在考虑自旋属性时，我们可以将上述讨论中的极化状态替换为自旋相关的表述，即 $|+\rangle$ 和 $|-\rangle$。它们分别表示为自旋向上和自旋向下两个状态，它们的矩阵形式表示为

$$|+\rangle=\begin{pmatrix}1\\0\end{pmatrix}\qquad |-\rangle=\begin{pmatrix}0\\1\end{pmatrix}\tag{1.9}$$

那么，可分离态有 $|+,+\rangle$、$|+,-\rangle$、$|-,+\rangle$ 和 $|-,-\rangle$。其中，$|+,+\rangle$ 用直积符号表示为

$$|+,+\rangle=|+\rangle\otimes|+\rangle$$

这表示第一个粒子的自旋测量结果为自旋向上，第二个粒子的自旋测量结果也是自旋向上。纠缠态表示为

$$|\psi\rangle=\alpha_1|+,+\rangle+\alpha_2|+,-\rangle+\alpha_3|-,+\rangle+\alpha_4|-,-\rangle\tag{1.10}$$

若 $\alpha_1=\alpha_4=0$，它是反平行自旋极化纠缠态；若 $\alpha_2=\alpha_3=0$，它是平行自旋极化纠缠态。量子纠缠指，相距遥远的两粒子中，对其中一个粒子操作会立刻影响到另一个粒子状态的量子力学现象。这里的操作可以理解为测量一个粒子的自旋为自旋向上，那么另一个粒子的自旋状态由纠缠态来决定。若纠缠态是反平行自旋极化纠缠态或是自旋单态，测量一个粒子的自旋为自旋向上，那么另一个粒子的自旋状态必定是自旋向下，具体表示为

$$|\psi\rangle=\alpha_1|+,-\rangle+\alpha_2|-,+\rangle\tag{1.11}$$

若纠缠态是平行自旋极化纠缠态，测量一个粒子的自旋为自旋向上，那么另一个粒子的自旋状态必定也是自旋向上，具体表示为

$$|\psi\rangle=\alpha_1|+,+\rangle+\alpha_2|-,-\rangle\tag{1.12}$$

在量子力学领域，研究人员常采用布洛赫球模型来直观展示两个自旋

为 1/2 的粒子的纠缠状态。这一图像通过描绘两个各自代表一个自旋为 1/2 的粒子的布洛赫球来实现。首先，我们将两个代表自旋为 1/2 的粒子的布洛赫球放在同一个坐标系中。每个粒子的布洛赫球表示其自旋状态，球面上的点表示不同的自旋态。对于自旋为 1/2 的粒子，布洛赫球的表面代表了所有可能的自旋态。当两个粒子处于纠缠态时，它们的自旋状态是相互依赖的，无法单独描述。在布洛赫球图像中，纠缠态表现为两个粒子之间的量子相关性。具体而言，如果两个自旋为 1/2 的粒子处于纠缠态，它们的自旋态将不能被分解为两个独立的自旋态。在布洛赫球图像中，这意味着两个自旋态的点不能被单独绘制在两个球上，而是形成了一种非局域的联系。需要注意的是，纠缠态的具体表现形式取决于系统的性质和实验设置。因此，对于特定的纠缠态，具体的图像表示可能会有所不同。然而，布洛赫球图像提供了一种直观的方式来可视化两个自旋 1/2 粒子的纠缠关系。

而对于多粒子的量子纠缠更为复杂些，可能表现为其中两个或三个粒子纠缠在一起、另一些粒子不纠缠，或者所有粒子纠缠的复杂系统。例如，三个粒子完全纠缠的纠缠态是

$$
\begin{aligned}
|\psi_1\rangle &= \alpha_1|+,+,+\rangle+\alpha_2|-,-,-\rangle \\
|\psi_2\rangle &= \alpha_1|+,+,-\rangle+\alpha_2|-,-,+\rangle \\
|\psi_3\rangle &= \alpha_1|+,-,-\rangle+\alpha_2|-,+,+\rangle \\
|\psi_4\rangle &= \alpha_1|+,-,+\rangle+\alpha_2|-,+,-\rangle
\end{aligned}
\tag{1.13}
$$

多粒子纠缠是一个量子力学中的概念，它描述了两个或多个粒子之间的紧密关联，使得它们的状态无法被单独描述，而必须作为整体进行考虑。描述多个自旋为 1/2 的粒子的纠缠态图像是一项复杂的任务，因为随着粒子数目的增加，系统的维度会急剧增加，使得直接的图像表示变得困难。然而，我们可以通过一些简化的方式来描述多个自旋为 1/2 的粒子的纠缠态图像。一种常见的方法是使用所谓的量子态图像来表示多粒子纠缠态。在这种表示中，我们可以使用复数坐标系来表示多个自旋为 1/2 的粒子的态矢量。例如，对于 N 个自旋为 1/2 的粒子系统，其态矢量将处于一个 2^N 维的希尔伯特空间中，每个分量对应一个可能的自旋组合状态。而对于三个或更多自旋为 1/2 的粒子，由于高维空间的困难，通常会采用一些简化的方式来描述系统的纠缠态，比如采用密度矩阵、量子态的向量表示或者是通过特定的物理量来表征纠缠关系。另外，对于多个自旋为

1/2 的粒子的系统，人们也常常使用纠缠熵、相位图等工具来描述纠缠态的性质。这些方法虽然无法提供直观的图像，但却能够从数学上描述和分析多体系统的纠缠现象。

需要强调的是，多体系统的纠缠是量子力学中非常重要的研究课题，它涉及量子信息、量子计算等领域。对于复杂的多体系统，描述其纠缠态通常需要借助数学工具和计算方法，而直观的图像表示往往会受到维度限制和直观理解的挑战。在经典物理中，我们可以将多个独立的粒子视为相互独立的实体，每个粒子都有自己的确定性状态和属性。然而，在量子力学中，多体系统的行为却展现出了非常特殊的性质。根据量子力学的原理，多体系统的状态不仅由各个粒子的状态决定，还受到它们之间的相互作用影响。当这些粒子处于纠缠状态时，它们的状态之间存在一种非常强烈的相关性，即使它们被分开，在空间上远离彼此，它们的状态仍然是相互关联的。纠缠可以发生在各种量子属性上，例如位置、动量、自旋等。

一个典型的例子是量子纠缠的态被称为“纠缠态”或“叠加态”，其中包含多个可能的测量结果，而不是一个确定的值。当我们对其中一个粒子进行测量时，它的状态会立即“坍缩”为一个确定值，并且与之相关联的其他粒子的状态也会瞬间坍缩为相应的值，无论它们之间的距离有多远。这种纠缠关系的存在使得量子系统表现出一些非常奇特和令人费解的现象，例如量子隐形传态和量子纠缠密度矩阵。纠缠还在量子计算和量子通信领域中发挥重要作用，被广泛用于实现量子比特之间的信息传输和量子纠错等任务。总之，多粒子纠缠是量子力学中非常重要和独特的概念，它展示了粒子之间的非局域性联系，超越了经典物理的理解。

量子纠缠是量子力学的核心特征之一，它在实验上已经得到了多次验证。纠缠态的应用包括量子通信、量子计算和量子密码学等领域。这些应用依赖于纠缠态的非局域性和瞬时性质，但同时也带来了许多挑战和深奥的哲学问题。

量子纠缠是量子计算和量子信息领域的一个关键概念，在量子纠缠中贝尔不等式扮演着非常重要的角色[9-11]。例如，2021 年 Wang 等人将适用于纠缠量子比特的贝尔不等式在量子计算机上进行了量子性质和非局域性的定量检验[9]。这项研究具有重要的意义。量子计算机是一种基于量子力学理论和技术的计算设备，它可以利用粒子的叠加态和纠缠态来执行某些运算。与经典计算机不同的是，量子计算机可以在同一时间处理多个问题，并且可以在某些情况下以指数级别的速度优势完成某些复杂的计算任务。因此，量子计算机被认为是未来计算机科学的一个重要研究领域。

文献［9］利用可公开访问的量子计算机，其主旨并非验证贝尔不等式的违反情况，而是在量子计算机上重现量子力学的预测精度，并同时考量潜在的故障率。在实验中，当对两个纠缠的量子比特分别沿着 A、B、C 三个不同轴进行测量时，可以预测到它们的自旋投影结果。具体而言，A 轴与 B 轴的夹角是一个固定的角度，而 B 轴与 C 轴的夹角则在一个预设的范围内有所变动。这样的设置允许我们观察和分析纠缠量子比特在不同测量方向上的行为特性。对于任何可通过三个具有两种可能观测值的经典对象来表征的情况，贝尔不等式规定了这些观测值结果概率之间的关联。这些不等式是所有此类经典对象必须满足的条件，但量子系统却可能违背这些不等式。在可公开访问的量子计算机上，已观察到明显违反贝尔不等式的现象。贝尔不等式则控制着自旋投影乘积期望值线性组合的关系，一旦贝尔不等式被违反，即排除了纠缠量子系统存在局域隐变量的可能性。在态矢 $|00\rangle$ 的设定下，准备一对量子比特，并在多次运行中观测态 $|00\rangle$、$|01\rangle$、$|10\rangle$ 和 $|11\rangle$ 的出现概率。利用这些信息，构建了误差矩阵的第一列。图 1.3 展示了构建贝尔态的不同方法，通过直方图呈现测量结果。该图展示了在量子计算机系统上 10 次运行的平均结果，每次运行都利用量子计算机进行了图像创建。然而，构建一台可靠的量子计算机绝非易事。量子比特的脆弱性和难以观测的特性，给量子计算机的设计与实现带来了极大的挑战。因此，验证量子计算机的量子性质及非局域性尤为重要。

贝尔不等式是描述物理系统非局域性的一个经典工具，它可以用来检验两个粒子之间是否存在纠缠关系。在经典物理学中，贝尔不等式是成立的，即两个系统之间的相关性总是可以用随机变量之间的关系来解释。然而，在量子力学中，由于纠缠态的存在，两个系统之间的相关性可能超出了经典范畴。因此，贝尔不等式在量子力学中的应用具有重要意义，它可以用来检验量子态的非局域性和量子性质。Wang 等人的研究采用了一种新的方法[9]，即通过构造一个实验模型来对量子计算机的纠缠状态进行测量和分析。实验结果表明，量子计算机中存在高度的纠缠关系和非局域性，这与传统经典物理学的预测不同。这项研究为量子计算机的设计和实现提供了新的思路和方法，并有望推动量子计算机的发展。

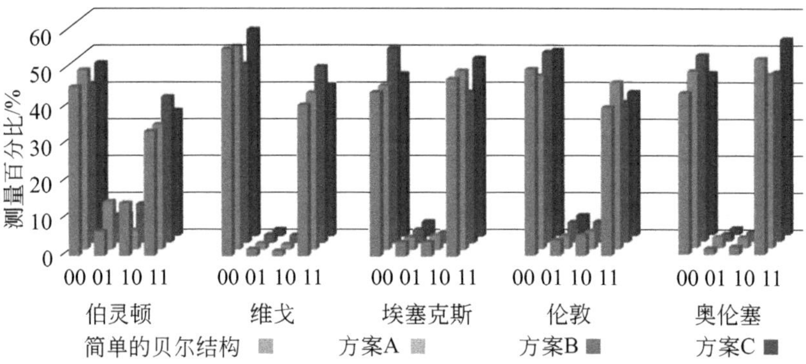

图 1.3　不同方法构建贝尔态：测量结果 | 00 ⟩、| 01 ⟩、| 10 ⟩和 | 11 ⟩的直方图

2021 年，Bäumer 及其团队展现了量子计算机的卓越能力，他们通过执行高纠缠度的测量，有力地验证了量子非局域性的可扩展性质[10]。随着量子计算机日益复杂化，人们对深入探索真正量子现象的热情也日益高涨。在这个背景下，研究团队受量子网络的启发，开展了一项实验，充分展示了量子计算机当前最前沿的功能。这项实验涉及的操作对象多达 12 个量子比特，并成功实现了在可扩展纠缠交换中至关重要的贝尔态测量。实验首先设定了一个场景，即量子计算机在量子比特上运行，结果显示，即便在包含多达 9 个量子比特的系统中，量子关联性也明显超越了经典模型的范畴。借助这些量子特性所带来的优势，研究团队在 512 次结果测量中，观测到了 82 个基本元素间的紧密纠缠。随后，研究团队进一步放宽了对量子比特的特定假设，转而关注多个独立纠缠态在星形结构排列中所展现的量子非局域性。同时，他们还在操作对象多达 10 个量子比特的情况下，观测到了与信号源无关的贝尔不等式的量子违反现象。这些研究成果不仅证明了量子计算机已经突破了经典物理学的限制，还充分展示了其在实现可扩展纠缠测量方面的强大能力。

图 1.4 展示了文献 [10] 的一个通信网络模型，其中独立节点共享了一个由 N 个量子比特构成的纠缠态。在这个纠缠态的基础上，节点们执行量子比特变换操作。随后，这些经过变换的信息被传输至一个中央节点。该中央节点通过实施针对 N 个量子比特的贝尔态测量，能够获取关于其他所有 N 个节点集体输入的信息。这一过程展现了量子通信相较于经典通信的优势，它证明了在中央节点进行的测量中存在着显著的纠缠程度。图 1.5 则描绘了一个星形网络结构，在此结构中，一个中心节点分别

与不同的节点共享了 5 对纠缠量子比特。中心节点在这 5 个量子比特上执行贝尔态测量，这一操作使得原本相互独立的 5 个节点被置于一个全局性的纠缠态之中。通过执行适当的局部测量，网络中的关联性可以进一步转化为非局域性特性。至于图 1.6，它呈现了一个三角形网络布局，其中三个节点两两之间共享着纠缠量子比特对。每个节点都对其所拥有的量子比特对执行联合测量。

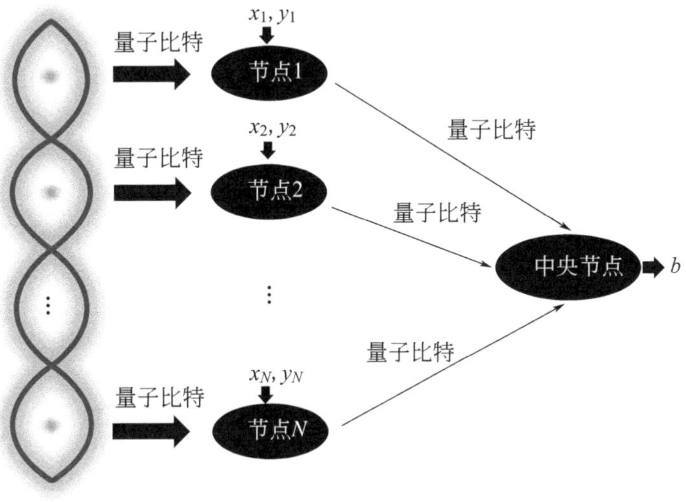

图 1.4　通信网络模型

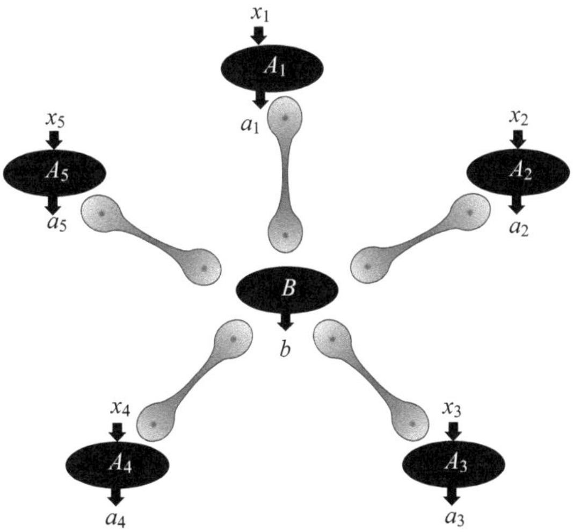

图 1.5　星形网络结构

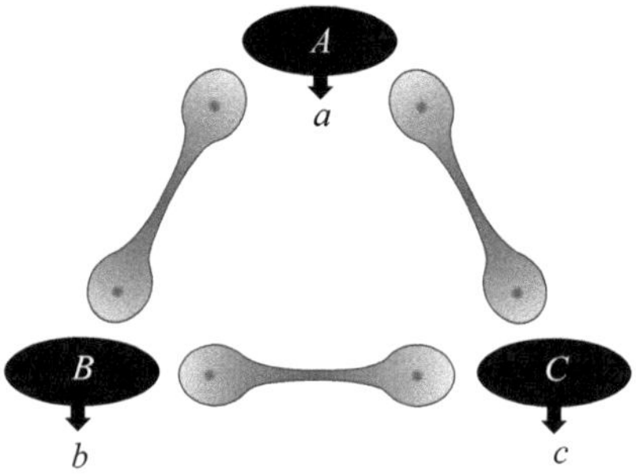

图 1.6　三角形网络布局

2022 年，罗明星提出了一个贝尔不等式，它用来验证包含循环网络和通用量子计算资源的连接量子网络的真正多粒子非局域性[11]，进一步用于在具有多源量子资源的设备无关模型中构建一一对应关系。将其应用于多方量子密钥分发、隐秘的量子计算和量子秘密共享。图 1.7 展示了文献［11］中基于测量的量子计算的量子网络。其中，图（a）是由 EPR 态

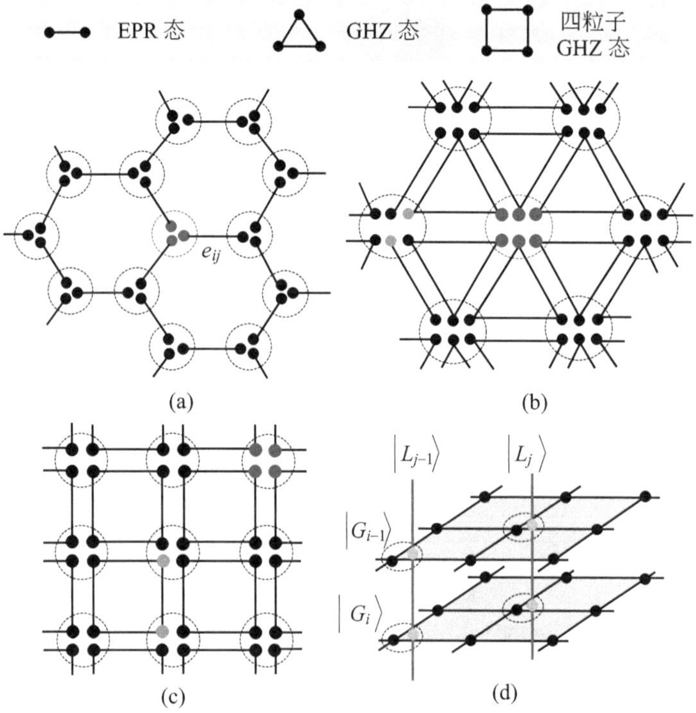

图 1.7　基于测量的量子计算的量子网络

$|\phi_i\rangle = 1/\sqrt{2}(|00\rangle + |11\rangle)$组成的蜂窝网络，图（b）展示了一个三角形网络，图（c）是由四粒子 GHZ 态$|GHZ\rangle = 1/\sqrt{2}(|0\rangle^{\otimes 4} + |1\rangle^{\otimes 4})$组成的方形网络，图（d）展示了一个由$|G_i\rangle$和$|L_j\rangle$组成的循环网络。在过去的几十年里，随着量子计算和量子通信领域的迅猛发展，人们对于量子纠缠和非局域性的理解逐渐加深。量子纠缠是一种奇特的现象，描述了两个或多个粒子之间的深度联系，即使它们之间相隔很远，它们的状态仍然是密切相关的。这种非局域性的现象在经典物理学中是无法解释的，它违背了我们对信息传播速度的直观认识。因此，科学家们一直针对量子纠缠的本质和性质进行深入研究。

贝尔不等式是描述物理系统非局域性的经典工具。根据经典物理学的观点，贝尔不等式总是成立的，即两个系统之间的关联性总是可以用随机变量之间的关系来解释。然而，早在 20 世纪 30 年代，量子力学的发展使得贝尔不等式面临了挑战。薛定谔、爱因斯坦、波多尔斯基和罗森等科学家们的研究表明，在量子力学中，两个系统之间的关联性可能超出了经典物理学的范畴，存在着一种超越空间距离限制的联系。与传统的贝尔不等式方法不同，罗明星的方法考虑了循环网络和通用量子计算资源的影响，使得验证结果更加准确和全面。通过测量和分析量子网络的多粒子态，罗明星证明了其中存在着多粒子非局域性，为进一步研究和应用提供了重要的理论依据和实验支持。这项研究成果的意义不仅在于验证了量子网络的多粒子非局域性，更重要的是它为构建具有多源量子资源的设备独立模型提供了关键的一环。通过在量子网络中验证多粒子非局域性，我们可以更好地理解和利用量子纠缠和非局域性的特性，在量子通信和量子计算领域取得更大的进展。这项研究成果具有重要的科学意义和应用价值，将为未来的量子技术发展和应用提供新的思路和方法。

贝尔不等式在理论计算和实验验证上吸引了大量科学工作者的关注[12-20]。例如，Brito 等人利用追踪距离量化贝尔非局域性[12]。对纠缠量子态的遥远部分进行的测量可以产生与经典理论有关的局域论假设不相容的关联性，这种现象被称为量子非局域性，除了它的基本作用外，它还可以在密码学和分布式计算中得到实际应用。显然，在这种情况下，开发量化非局域性的方法是重要的基础。追踪距离是一种用来度量概率分布之间相似性的方法，它可以用来衡量量子态之间的差异程度。Brito 等人的研究通过引入追踪距离的概念，尝试量化贝尔不等式中的非局域性，并探索了贝尔不等式违背程度与量子态之间的追踪距离之间的关系。他们的研究成果有助于深入理解量子纠缠现象和非局域性，并为量子信息领域提供了新的理论和实验研究方向。这种将追踪距离引入到贝尔不等式研究中的方法，为我们探索量子世界的奇妙性质提供了新的视角和工具。

2017 年，Pozsgay 等人运用维格纳（Wigner）的设置理论，对贝尔类型不等式进行了深入的证明与分析[18]。他们细致地探讨了基于维格纳理论的对贝尔类型不等式的证明过程。维格纳提出了一个核心假设，这个假设并不涉及爱因斯坦的局域实在论，而是聚焦于 EPR 实验中可能实现和实际观测到的某些联合概率测量结果。因此，针对爱因斯坦局域实在论的结论并不适用于解读 EPR 实验的结果。同时，EPR 实验结果与维格纳的结论之间存在的差异，也并未削弱爱因斯坦局域实在论的有效性。

2019 年，Teeni 等人引入了一类乘积形式而非求和形式的贝尔不等式，而且给出了贝尔不等式的经典力学和量子力学的齐雷尔森界限(Tsirelson bound)[21]。贝尔不等式是用于对比经典行为和量子行为的重要工具。迄今为止，大多数贝尔不等式是相距遥远的粒子之间关联的线性组合。然而，在一般情况下，为给定的贝尔不等式找到经典力学和量子力学之间的边界是一项困难的任务，很难找到合适的解决方案。在 Teeni 等人的研究工作中，他们引入了一类新的乘积形式的贝尔不等式来解决这些问题：在最简单的情况下，爱丽丝（Alice）和鲍勃（Bob）各有两个随机变量，他们试图最大化矩形的面积，且矩形的面积由某个参数表示。该参数是随机变量之间关联性的函数，也称为贝尔参数，即仅使用经典关联性的可实现边界严格小于非局域量子关联性的可实现边界。该研究继续推广到下列情况：爱丽丝（Alice）和鲍勃（Bob）各自有 N 个随机变量，希望在 N 维空间中将体积最大化。他们把这个体积参数称为乘法贝尔参数，并证明了它的齐雷尔森界限。最后，研究表明，贝尔参数是一个调和函数，其最大值随着测量设备的数量增加而接近齐雷尔森界限。这项工作对理解量子纠缠和非局域性现象在基础物理学和量子信息领域中的重要性具有一定的意义。在量子力学中，贝尔不等式是用于检验量子态是否满足局域实在论原理的数学不等式。而 Tenni 等人的工作提出了乘积形式的贝尔不等式，为探索量子纠缠和非局域性现象提供了新思路。

2021 年，Paneru 等人描述了乘积形式的贝尔不等式的实验检验以及局域关联的基本作用[22]。如图 1.8 所示，这是一个执行乘法贝尔参数的实验方案。用于产生偏振纠缠光子并将其投射到爱丽丝（Alice）和鲍勃（Bob）所选状态的装置示意图，在泵送硼酸铋（BiBO）晶体后产生纠缠光子对，然后用 50∶50 的分束器将其分离成爱丽丝（Alice）和鲍勃（Bob）的两个分支，每个分支的偏振测量由半波片和偏振分束器组成。光子经过 710nm 的带通滤波器滤波，耦合到单模光纤中，然后用单光子二极管检测，其信号被发送到符合模块，从符合模块中可以观察到符合事件。未来，这些方向的研究将有助于推动量子信息科学的发展和应用，以及更深入地理解量子世界的奇妙性质。

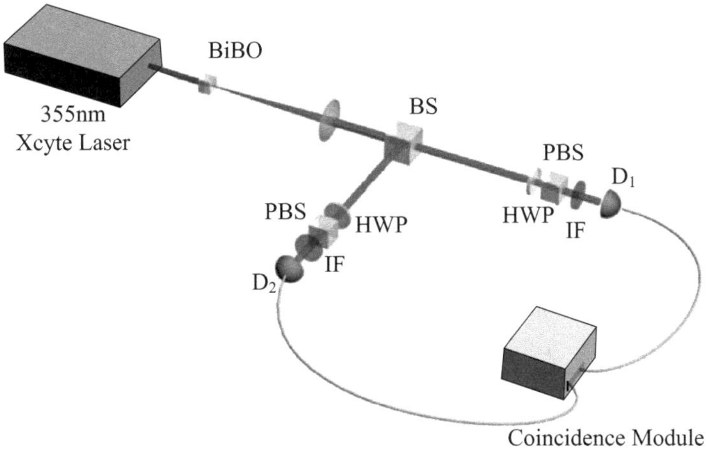

图 1.8　执行乘法贝尔参数的实验方案

355nm Xcyte Laser—355 纳米西特激光器；BiBO—铋三硼酸盐（bismuth triborate）；BS—分束器（beamsplitter）；HWP—半波片（half-wave plate）；PBS—偏振分束器（polarizing beamsplitter）；IF—带通干涉滤光片（interference bandpass filter）；Coincidence Module—符合计数模块；D—探测器（Detector）

在一些纠缠态的情况下，许多实验验证了贝尔不等式的违反。这些实验为验证量子力学中的非局域性提供了非常有利的证据[22-32]。2006 年，Sakai 等人针对强相互作用大质量费米子对的自旋关联进行了贝尔不等式的检验研究[24]。他们首次检验了 Bell-CHSH 不等式在由存活周期较短的^{2}He 自旋单态组成的大质量自旋 1/2 强子对中的适用性。该实验的创新之处在于采用了几乎百分之百效率的“事件预备”探测器来制备相同的样品，并使用了具有随机“后选择”参考轴的焦平面偏振计。实验结果显示，自旋关联函数的推导结果与非局域量子力学的预测相符，并且它违反

了 Bell-CHSH 不等式（$|S|\leqslant 2$）。该实验是在某理化学研究所的加速器研究设施内开展的，利用一束能量为 270MeV 的氘核撞击液氢靶，通过特定的核反应过程成功生成了纠缠态的质子对。这些质子对在量子力学的描述下，被视为处于强终态相互作用下的纠缠自旋单态。实验装置主要由三部分构成：首先，磁谱仪被用于选择质子的动量；其次，焦平面探测器系统由多线漂移室（MWDC1）和描迹仪（HOD1）组合而成，充当“事件准备”的探测装置；最后，自旋分析仪靶（5cm 厚的石墨板）上的偏振计（EPOL）、两套塑料闪烁计数器（HOD2 和 HOD3）以及两套多线漂移室（MWDC2 和 MWDC3）共同构成了自旋分析部分。“事件准备”探测器能够筛选出由特定核反应产生的质子对，对质子的总检测效率超过了 96%。图 1.9 展示了液氢靶中氘核与氢核相互作用的实验布局示意图。质子对首先由 SMART 光谱仪选择动量，随后由“事件准备”探测器（MWDC1 和 HOD1）进行跟踪。质子的自旋分析则由 EPOL 偏振计完成，其中石墨块（graphite block）作为分析仪。MWDC2、MWDC3、HOD2 和 HOD3 则作为关联检测器，用于进一步的分析和测量。

贝尔不等式的发展历史涉及了许多重要的实验和理论工作，其中包括阿兰·阿斯佩的经典实验、约翰·克劳泽的开创性研究，以及贝尔本人进

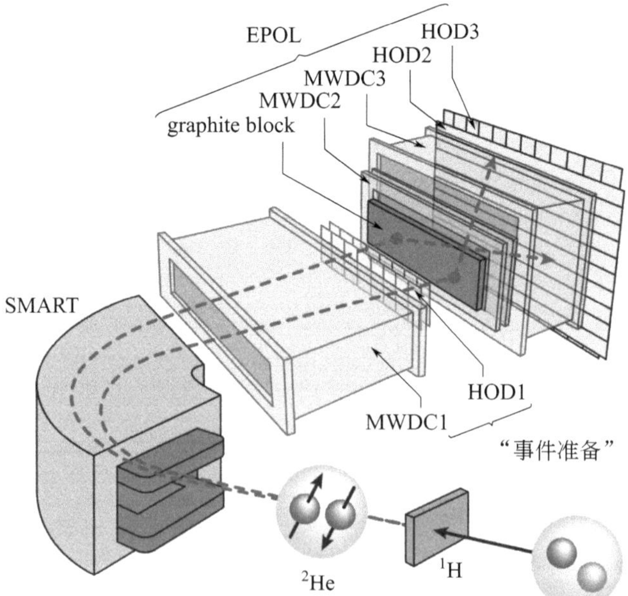

图 1.9　在液氢靶中氘核与氢核相互作用的实验布局示意图

一步的深入探索。这些工作共同构建了贝尔不等式在现代量子力学中的重要地位，为我们深入理解量子纠缠和量子非局域性提供了深刻见解。阿兰·阿斯佩的实验成为了贝尔不等式研究的重要里程碑。他巧妙地设计并执行了一系列实验，验证了贝尔不等式的违反现象。这些实验结果挑战了传统的局域实在论，揭示了量子系统间的非局域关联。约翰·克劳泽的工作为贝尔不等式奠定了坚实的理论基础。通过分析量子力学中的态矢量和观测算符，他提出了贝尔不等式的一般形式，并给出了相应的数学证明。这使得贝尔不等式成为了量子力学中探索非局域性的重要工具。贝尔本人在之后的研究中进一步深化了对贝尔不等式的理解。他提出了著名的贝尔定理，将实验结果与局域实在论进行了对比，强调了量子力学与经典物理之间的根本区别。贝尔的研究为我们认识量子世界带来了革命性的思考。通过这些重要的实验和理论工作，贝尔不等式成为了现代量子力学中不可或缺的概念，为我们揭示了量子纠缠和量子非局域性的奥秘。这些研究不仅丰富了我们对量子世界的认知，也为未来的科学研究提供了深远的启示。

1.1.7 贝尔不等式的推广

物理学家们基于对贝尔不等式的深入研究，从理论和实验两个维度出发，发展出了多种贝尔不等式的修正版本。这些修正旨在深化我们对量子纠缠现象的理解，并进一步探索量子力学的非局域性特征。在理论层面，研究人员重新审视了量子力学的基本原理，并提出了一系列对贝尔不等式的修正。这些修正可能包括修改隐变量理论的假设，或者引入新的量子力学描述方法，以更精确地刻画纠缠态下粒子的行为特性。与此同时，在实验方面，物理学家们也致力于设计和实施各种实验来验证或反驳贝尔不等式及其修正版本。这些实验通常涉及对纠缠粒子对的精密测量，以判断它们是否遵循贝尔不等式的约束，或者是否表现出与经典物理截然不同的行为模式。这些修正版本的提出和实验验证，为我们全面理解量子纠缠现象提供了坚实的理论和实验基础。通过不断扩展和完善贝尔不等式及其修正版本，物理学家们正逐步揭示量子世界中独特的非经典特性，为量子信息科学和量子技术的发展提供了重要的理论支撑和实验指导。

在贝尔研究的基础上，1969 年，克劳泽、霍恩、希莫尼和霍尔特提出了允许对 4 个任意方向进行测量的 CHSH 不等式，它更容易被实验检验[33]。在局域实在论中，CHSH 不等式测量结果的关联概率提供了一个量化的界限，表示为 $P^{lc}_{CHSH} \leqslant 2$。这个不等式可以被违反，众所周知的最大违反界限值为 $P^{max}_{CHSH} = 2\sqrt{2}$。CHSH 不等式表示为

$$|P_{lc}(\boldsymbol{a},\boldsymbol{b}) + P_{lc}(\boldsymbol{c},\boldsymbol{d}) + P_{lc}(\boldsymbol{c},\boldsymbol{b}) - P_{lc}(\boldsymbol{a},\boldsymbol{d})| \leqslant 2 \tag{1.14}$$

它在形式上并不是比贝尔不等式多了一个任意的测量方向那么简单，两个粒子的自旋测量结果用物理观测量 A 和 B 分别表示为

$$|A| \leqslant 1, |B| \leqslant 1 \tag{1.15}$$

这样的条件设置弥补了实验上可能测不到或是信号弱不能完全反关联的实验漏洞。因此，实验上偏向于 CHSH 不等式的违反检验。关联差值表示的推导过程是

$$\begin{aligned}
& P_{lc}(\boldsymbol{a},\boldsymbol{b}) - P_{lc}(\boldsymbol{a},\boldsymbol{d}) \\
& = \int \rho(\lambda)[A(\boldsymbol{a},\lambda)B(\boldsymbol{b},\lambda) - A(\boldsymbol{a},\lambda)B(\boldsymbol{d},\lambda)]\,\mathrm{d}\lambda \\
& = \int \rho(\lambda)A(\boldsymbol{a},\lambda)B(\boldsymbol{b},\lambda)[1 \pm A(\boldsymbol{c},\lambda)B(\boldsymbol{d},\lambda)]\,d\lambda \\
& - \int \rho(\lambda)\mathrm{A}(\boldsymbol{a},\lambda)B(\boldsymbol{d},\lambda)[1 \pm A(\boldsymbol{c},\lambda)B(\boldsymbol{b},\lambda)]\,\mathrm{d}\lambda
\end{aligned} \tag{1.16}$$

然后，绝对值项表示为

$$\begin{aligned}
& |P_{lc}(\boldsymbol{a},\boldsymbol{b}) - P_{lc}(\boldsymbol{a},\boldsymbol{d})| \\
& = \left| \begin{aligned} & \int \rho(\lambda)A(\boldsymbol{a},\lambda)B(\boldsymbol{b},\lambda)[1 \pm A(\boldsymbol{c},\lambda)B(\boldsymbol{d},\lambda)]\,\mathrm{d}\lambda \\ & - \int \rho(\lambda)A(\boldsymbol{a},\lambda)B(\boldsymbol{d},\lambda)[1 \pm A(\boldsymbol{c},\lambda)B(\boldsymbol{b},\lambda)]\,\mathrm{d}\lambda \end{aligned} \right| \\
& \leqslant \left| \int \rho(\lambda)A(\boldsymbol{a},\lambda)B(\boldsymbol{b},\lambda)[1 \pm A(\boldsymbol{c},\lambda)B(\boldsymbol{d},\lambda)]\,\mathrm{d}\lambda \right| \\
& \quad + \left| \int \rho(\lambda)A(\boldsymbol{a},\lambda)B(\boldsymbol{b},\lambda)[1 \pm A(\boldsymbol{c},\lambda)B(\boldsymbol{d},\lambda)]\,\mathrm{d}\lambda \right| \\
& \leqslant \int \rho(\lambda)|A(\boldsymbol{a},\lambda)B(\boldsymbol{b},\lambda)||1 \pm A(\boldsymbol{c},\lambda)B(\boldsymbol{d},\lambda)|\,\mathrm{d}\lambda \\
& \quad + \int \rho(\lambda)|A(\boldsymbol{a},\lambda)B(\boldsymbol{d},\lambda)||1 \pm A(\boldsymbol{c},\lambda)B(\boldsymbol{b},\lambda)|\,\mathrm{d}\lambda \\
& \leqslant \int \rho(\lambda)|1 \pm A(\boldsymbol{c},\lambda)B(\boldsymbol{d},\lambda)| + \int \mathrm{d}\lambda\rho(\lambda)|1 \pm A(\boldsymbol{c},\lambda)B(\boldsymbol{b},\lambda)|\,\mathrm{d}\lambda \\
& = 2 \pm |P_{lc}(\boldsymbol{c},\boldsymbol{d}) + P_{lc}(\boldsymbol{c},\boldsymbol{b})| \\
& \leqslant 2 - |P_{lc}(\boldsymbol{c},\boldsymbol{d}) + P_{lc}(\boldsymbol{c},\boldsymbol{b})|
\end{aligned} \tag{1.17}$$

然后，存在关系式有

$$
\begin{aligned}
&|P_{lc}(\boldsymbol{a},\boldsymbol{b})-P_{lc}(\boldsymbol{a},\boldsymbol{d})+P_{lc}(\boldsymbol{c},\boldsymbol{d})+P_{lc}(\boldsymbol{c},\boldsymbol{b})|\\
&\leqslant|P_{lc}(\boldsymbol{a},\boldsymbol{b})-P_{lc}(\boldsymbol{a},\boldsymbol{d})|+|P_{lc}(\boldsymbol{c},\boldsymbol{d})+P_{lc}(\boldsymbol{c},\boldsymbol{b})|\\
&\leqslant 2
\end{aligned}
\tag{1.18}
$$

通过上述过程，我们推导出 CHSH 不等式。当满足完全反关联时，CHSH 不等式可以变为贝尔不等式的形式。此时，令 $\boldsymbol{c}=\boldsymbol{d}$，且假设有 $P_{lc}(\boldsymbol{d},\boldsymbol{d})=-1$，那么这里存在一个关系式，它是

$$
\begin{aligned}
&|P_{lc}(\boldsymbol{a},\boldsymbol{b})-P_{lc}(\boldsymbol{a},\boldsymbol{d})|\leqslant 2-|P_{lc}(\boldsymbol{d},\boldsymbol{d})+P_{lc}(\boldsymbol{d},\boldsymbol{b})|\\
&=2-|-1+P_{lc}(\boldsymbol{d},\boldsymbol{b})|\\
&=2-(1-P_{lc}(\boldsymbol{d},\boldsymbol{b}))\\
&=1+P_{lc}(\boldsymbol{d},\boldsymbol{b})
\end{aligned}
\tag{1.19}
$$

即贝尔不等式是

$$
|P_{lc}(\boldsymbol{a},\boldsymbol{b})-P_{lc}(\boldsymbol{a},\boldsymbol{d})|\leqslant 1+P_{lc}(\boldsymbol{d},\boldsymbol{b}) \tag{1.20}
$$

通过上述推导，我们可以清晰地认识到贝尔不等式与 CHSH 不等式之间存在着紧密的关联。贝尔不等式和 CHSH 不等式都是用来检验量子纠缠态的非局域性的重要工具，它们通过测量不同方向上的相关性来验证量子系统中的非经典特性。因此，它们的紧密联系不仅体现在数学形式上的相似性，更体现在它们对于量子世界中非局域性的共同关注和探索上。这种联系的存在为我们更好地理解量子世界的奇异特性提供了重要的线索和参考，同时也为量子信息科学的发展提供了新的启示和方向。

CHSH 不等式在设计中充分考虑了关联测量实验中可能遇到的失误和误差因素，以更好地贴近真实的实验情境。例如，在实际操作中，实验设备有时会失效。为了应对这一情况，实验规定在仪器失效时将测量结果设为零。这一设计使得我们能够在实际实验中运用非理想的探测器。通过这样的调整，CHSH 不等式能够更全面地纳入实验中的各种变量，从而更精确地描述量子力学中的关联特性。CHSH 不等式是量子力学中用于检验局域性和隐变量理论的一个重要工具，它涉及两个系统间关联的测量，旨在验证量子力学的非局域性。作为贝尔不等式的一个扩展，CHSH 不等式的验证过程有助于确定实验结果是否能用局域隐变量来解释，或者是否必须借助量子力学的非局域关联性。该不等式通过对比 4 个不同的观测值来探测量子纠缠现象。在实验中，如果 CHSH 不等式被违反，就意味着系统的行为超出了局域性和隐变量理论的解释范畴，需要考虑到量子

纠缠的存在。CHSH 不等式在量子信息和量子通信领域占据重要地位，对量子纠缠的理论探索和实验验证发挥着关键作用。

针对“贝尔不等式是否存在一种更为简便的测量方式”这一问题，科学家们显然引入了新的思考。1970 年，尤金·维格纳提出了与贝尔不等式表现形式完全不同的维格纳（Wigner）不等式，它仅仅需要沿着自旋极化的一个方向测量粒子数关联概率[34]。Wigner 不等式立足于隐变量空间中联合概率分布的假设，并且满足局域条件。与贝尔不等式相比，尤金·维格纳提出的 Wigner 不等式在形式上更为简单，贝尔不等式需要知道两粒子的自旋测量结果关联概率，而 Wigner 不等式仅仅需要知道粒子数关联概率。Wigner 不等式表示为

$$N_{\mathrm{lc}}(+\boldsymbol{a},+\boldsymbol{b})\leqslant N_{\mathrm{lc}}(+\boldsymbol{a},+\boldsymbol{c})+N_{\mathrm{lc}}(+\boldsymbol{c},+\boldsymbol{b}) \tag{1.21}$$

与贝尔不等式中自旋测量结果关联概率 $P_{\mathrm{lc}}(\boldsymbol{a},\boldsymbol{b})$不同，这里的 N_{lc}（$+\boldsymbol{a}$，$+\boldsymbol{b}$）表示两粒子分别沿着空间中的任意两个方向 $\boldsymbol{a}$ 和 $\boldsymbol{b}$ 探测自旋结果都为“+”的粒子数关联概率。最为关键的是，4 项粒子数关联概率才能表示出一项自旋测量结果关联概率。

尤金·维格纳在量子力学领域做出了许多重要贡献，其中包括关于对称性、测量和量子力学基础的研究。他提出了一组与贝尔不等式完全不同的 Wigner 不等式，这些不等式涉及多体量子系统的测量结果。尤金·维格纳的 Wigner 不等式是针对多体量子系统中的各种测量结果的统计性质的一种表达。这些不等式旨在描述具有多个粒子的系统中的测量结果分布，并且与贝尔不等式所涉及的非局域性有所不同。Wigner 不等式不同于贝尔不等式，它们更侧重于描述多体量子系统的统计规律和关联性，而贝尔不等式则着眼于测试局域实在论和量子力学预言之间的矛盾。Wigner 不等式的提出，为研究多体量子系统的统计性质和测量结果分布提供了一个重要的理论工具。

科学家们关于局域实在论的研究也有很多。例如，2018 年，Reid 通过量子噪声放大证伪介观局域实在论的贝尔不等式[35]；2020 年，Thenabadu 等人利用局域非线性动力学和时间设定测试了宏观局域实在论[36]。物理学家们基于 Wigner 不等式也展开了一系列研究[37-41]。例如，2015 年，Home 等人通过推广 Wigner 论证得到多粒子贝尔类型不等式[38]；2017 年，Das 等人得到了一组新的适用于两个三态粒子的局域实在不等式[39]；2019 年，Nikitin 和 Toms 提出了用于检验局域实在论假设、宏观

和局域实在论概念的 Wigner 不等式[41]。

从 20 世纪 70 年代以来，物理学家们为了验证贝尔不等式的违反，开始采用了自发参量下转换产生的偏振纠缠光子对来进行实验。随后，贝尔不等式及其推广形式的违反实验以各种各样的形式出现了。例如，2015 年，Hensen 等人进行了一项验证 CHSH 不等式的实验，他们采用的方法是将金刚石晶片中的电子自旋与单个氮空位缺陷中心相结合[42]。在这项研究中，他们的实验原理如图 1.10 所示。图（a）展示了贝尔测试的设置：两个分别标记为 A 和 B 的盒子接收二进制输入（a, b）并产生二进制输出（x, y）。在事件准备场景中，引入了一个额外的盒子 C，它发出二进制输出信号，用以指示 A 和 B 是否已成功完成准备。贝尔本人曾提出一种实现无漏洞设置的方法，其核心在于记录一个附加信号［如图（a）中的虚线框所示］，该信号用以表明 A 和 B 是否成功共享了进行贝尔测试所需的纠缠态，即这些盒子是否已准备好进行贝尔测试。通过根据事件准备信号的有效性来调整贝尔测试试验，可以预先排除那些纠缠分布失败的事件，使它们不被用于贝尔测试。图（b）则展示了实验的具体实现方式。该设置包含三个独立的实验室，分别对应 A、B 和 C 三个盒子。装置 A 和 B 中的每个盒子都包含一个金刚石的单个氮空位缺陷中心，并使用量子随机数生成器来提供输入。而位于 C 位置的盒子则负责记录由 A 和 B 的自旋发射并与之纠缠的单个光子的到达情况。图（c）展示了 A 和 B 的实验配置。在这个配置中，氮空位缺陷中心被置于低温共聚焦显微镜下。依据量子随机数生成器的输出结果，一个快速开关会选择两种不同的微波脉冲（P_0 或 P_1）之一，并将其传输到沉积在金刚石表面的金线中（图中插入了电子显微镜的图像）。为了共振激发氮空位缺陷中心的光学跃迁，使用了红色和黄色激光脉冲。发射出的光（以虚线箭头表示）通过分光镜在光谱上被分为两部分：非谐振部分（声子边带）和谐振部分（零声子线）。声子边带的发射由单光子计数器进行检测。而零声子线则经过一个波束采样器（反射率为 4%）和波片后，其发射光穿过单模光纤发送至位置 C。他们成功实现了一个事件就绪的贝尔测试装置，该装置利用了金刚石晶片中单个氮空位缺陷中心的电子自旋［如图（b）所示］。

金刚石晶片被安装在 A 和 B 实验室的封闭式低温恒温器内（温度为 4K），这一设置如图（c）所示。通过向晶片上的带状线施加微波脉冲，可以操控每个氮空位缺陷中心的电子自旋状态。自旋状态首先通过光泵浦

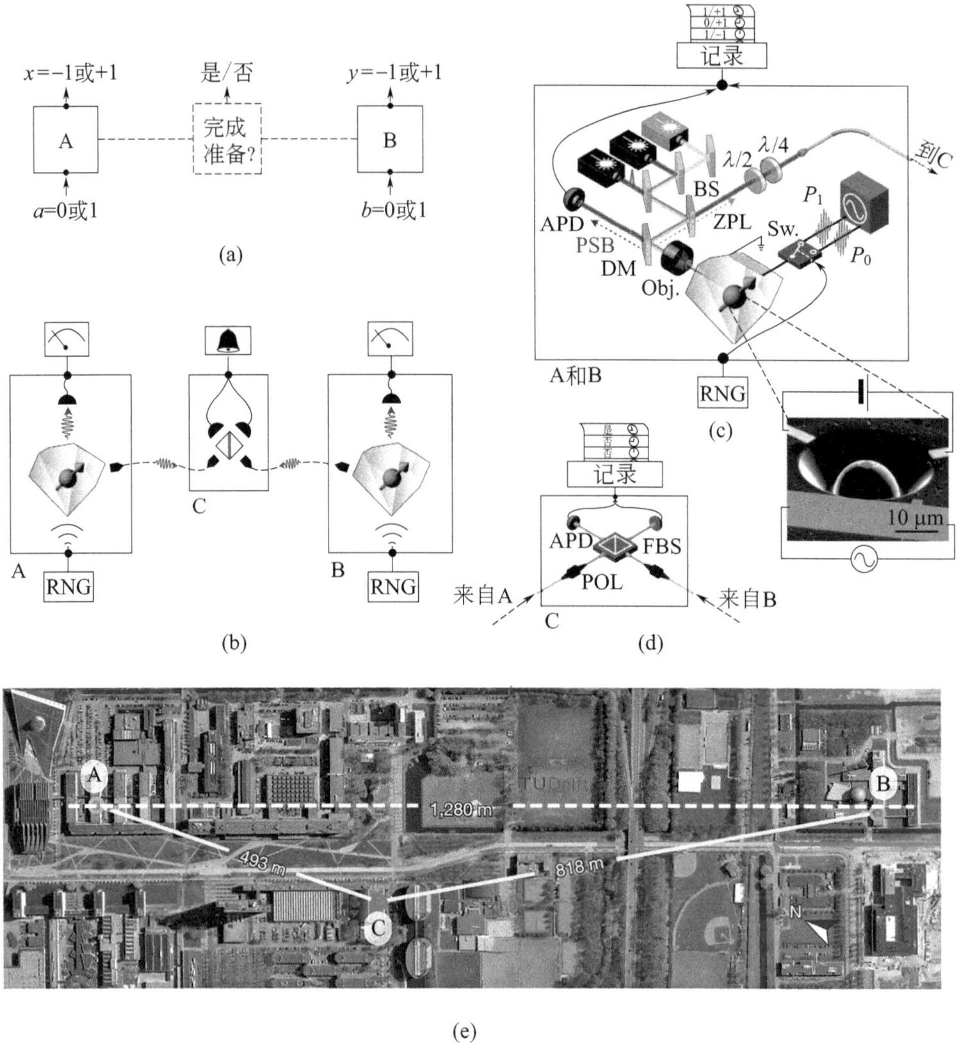

图 1.10 贝尔实验原理图

RNG—随机数产生器（random-number generator）；APD—单光子计数器（single-photon counter）；PSB—声子边带（phonon side band）；DM—分色镜（dichroic mirror）；Obj. —低温共聚焦显微镜（low-temperature confocal microscope）；BS—光束取样器（beam-sampler）；ZPL—零声子线（zero-phonon line）；Sw. —快速切换器（fast switch）；POL—光纤偏振器（fibre-based polarizer）；FBS—光纤分束器（fibre-based beam splitter）

进行初始化，并依赖于荧光沿着 Z 轴来读取。读取过程依赖于自旋选择性的循环跃迁（其寿命为 12ns），若氮空位的缺陷中心处于“明亮”的

$m_s=0$ 自旋态时，会发射出大量光子，而处于另一状态 $m_s=\pm1$ 时则保持暗淡。如果在读出窗口期间，光电检测器至少记录到一个计数，则将该值赋为 $+1$（$m_s=0$），否则赋值为 -1（$m_s=\pm1$）。通过先旋转自旋，再沿 Z 方向进行读取，可以在旋转基上进行状态的读取。图（d）展示了位置 C 的设置。A 和 B 的光纤经过光纤偏振器后，连接到一台基于光纤的分束器上。光子在分束器的输出端口被检测和记录。图（e）是代尔夫特理工大学校园的航拍照片，它显示了地点 A、B 和 C 之间的实际距离，虚线标记了光纤连接的路径。为了在两个远距离的自旋之间（大致在 A 和 B 之间）产生纠缠，使用了第三个位置 C 进行纠缠交换。首先，将每个自旋与单个光子的发射时间（采用时间二进制编码）进行纠缠。随后，这两个光子被发送到位置 C，在那里它们被一个分束器重叠并随后被检测。如果这两个光子在所有自由度上都是不可区分的，那么在分束器的不同输出端口同时观察到一个早到达的光子和一个晚到达的光子，就会将 A 和 B 处的自旋投影到最大纠缠态 $|\psi^-\rangle=(|\uparrow\downarrow\rangle-|\downarrow\uparrow\rangle)/\sqrt{2}$，其中，$m_s=0\equiv|\uparrow\rangle$ 和 $m_s=-1\equiv|\downarrow\rangle$ 分别表示自旋向上和自旋向下的状态。这些光子的检测预示着成功的纠缠准备，并在贝尔测试的设置中起到了事件准备信号的作用。

在贝尔设置中用到了单模光纤。单模光纤是一种只支持单个传输模式的光纤。其核心直径通常比多模光纤小得多，通常在几个微米的范围内。由于光纤内核心直径较小，因此在光线传播时，只有一种光路模式能够在其中传播，这就是所谓的单模。与多模光纤相比，单模光纤具有更高的带宽和更低的损耗。这是因为，相对于多个模式的情况，在单模光纤中只有一种模式，可以减少模式间的互相干扰和信号衰减。这使得单模光纤非常适合用于长距离高速数据传输和高精度传感应用，如通信、医疗、工业和科学实验领域等。但是，由于单模光纤的核心直径很小，制造成本比多模光纤更高。此外，由于只有一种模式可以传输，因此在连接器接口和光纤弯曲时，需要特别小心，以免产生额外的损耗和反射。总之，单模光纤是一种具有高带宽、低损耗和高可靠性的光纤，特别适用于需要长距离高速数据传输的应用。在该贝尔设置实验中，采用了金刚石晶片中的电子自旋与单个氮空位缺陷中心结合的方法验证 CHSH 不等式。金刚石是由碳原子构成的晶体结构，而氮空位缺陷中心是金刚石晶格中的一种缺陷，也即其中一个碳原子被一个氮原子取代的情况。这个氮空位缺陷中心在电子自旋物理学中具有重要的意义。在金刚石晶片中，氮空位缺陷中心的电子自旋指的是氮原子周围未配对的电子所携带的自旋角动量。这个自旋可以视为一个微小的磁矢量，类似于一个微小的磁铁，具有旋转的特性。当氮空位的缺陷中心与金刚石晶片的电子自旋结合时，由于晶片中的电子与缺陷中心之间存在相互作用，会导致缺陷中心电子自旋的行为发生变化。这种相互作用可以使缺陷中心的电子自旋处于一种特殊的量子态，称为自旋量子态。通过控制缺陷中心的能级结构和外加磁场等手段，可以实现对缺陷中心电子自旋的操控和测量。这种操控和测量过程涉及微波激励、光学探测和射频脉冲等技术手段，可以实现对电子自旋态的读写操作。这种能够精确控制和测量的电子自旋系统在量子信息处理和量子计算等领域有着广泛的应用前景。因此，金刚石晶片中的电子自旋与单个氮空位缺陷中心的结合提供了一种可调控的量子系统，为研究和应用量子信息科学提供了新的平台。它可能成为未来量子计算、量子通信和量子传感等领域的重要组成部分。

2019 年，Zhong 等人利用远程连接的超导量子比特使得贝尔不等式被违反[43]。超导是一种特殊的物理现象，指的是某些材料在低温下表现出“零电阻和完全排斥磁场”的性质。在超导状态下，电流可以无阻碍地通过材料，而不会产生能量损耗。这使得超导材料具有很高的电导率和超高的电流密度。1911 年，荷兰物理学家海克·卡末林·昂内斯首次发现超导现象。他发现，在将某些金属冷却到临界温度以下时，它们的电阻突然消失，变得完全导电。这被称为超导转变。超导现象的产生与电子之间的相互作用密切相关。在普通材料中，电子与材料晶格之间存在散射，导致电流传输时产生电阻。而在超导材料中，当温度降低到临界温度以下时，电子之间的相互作用导致形成库珀对（Cooper pairs），这是由两个电子组成的稳定的配对。库珀对的形成使得电子不再受到晶格缺陷等因素的散射影响，从而使电流可以无阻碍地通过超导材料。此外，库珀对还能排斥磁场，导致超导材料表现出完全的磁场排斥效应，这就是迈斯纳效应（Meissner effect）。超导材料通常需要在非常低的温度下才能实现超导转变，临界温度因材料而异。最常见的超导材料是铜氧化物和铟化铅等复杂化合物。近年来，人们也在研究高温超导材料，这些材料在更高的温度下依然可实现超导转变，尽管仍需要极低的温度。超导现象在科学和工程领域具有广泛的应用。其中最重要的应用是超导磁体，用于产生超强磁场，例如在核磁共振成像（MRI）、粒子加速器和磁悬浮列车中。此外，超导也被应用于高性能电缆、能量储存和量子计算等领域，为各种技术带来了巨大的潜力。

超导量子比特是一种基于超导电路的量子比特实现方式。量子比特是量子计算和量子信息处理的基本单位，类似于经典计算中的比特，但具有量子态叠加和纠缠等量子特性。超导量子比特利用超导材料中的电子对的库珀对形成超导态，并通过超导电路中的二能级系统来实现量子比特。常见的超导量子比特包括约瑟夫森结和量子谐振子。在超导量子比特中，二能级系统的两个能级分别对应量子比特的 0 态和 1 态。通过施加外部微波场或射频脉冲，研究人员可以实现量子比特态之间的转换和操作。这些操作通常包括控制门、相位门和测量等，用于构建量子逻辑电路和执行量子算法。超导量子比特的优点是其实现相对容易和可扩展性较高。超导电路可以在低温下工作，通常在几个开尔文以下。此外，超导量子比特可以与微波电路进行集成，从而实现对量子比特的控制和读取。这使得超导量子比特在实验室中得到了广泛的研究和开发，并取得了一些重要的实验结果。然而，超导量子比特也面临着一些挑战，如能量衰减和退相干等问题。研究人员一直在努力解决这些问题，以进一步提高超导量子比特的性能和可靠性。总之，超导量子比特作为一种有希望实现大规模量子计算的技术之一，具有重要的研究价值和应用潜力。通过不断的研究和创新，超导量子比特有望在量子计算、量子模拟和量子通信等领域发挥重要作用。超导量子电路在过去几年中取得了重大进展，展示了改进的量子比特寿命、更高的门保真度和增加的电路复杂性。超导量子比特还为其他系统提供了高度灵活的量子控制，包括电磁谐振器、机械谐振器等。因此，这些设备在测试量子通信协议方面极具吸引力，已有研究成功展示了确定性远程态传输以及第 4～6 代纠缠的生成。在文献［43］中，研究了远距离关联的超导量子比特违反贝尔不等式。量子通信的实现依赖于在远程量子节点之间产生纠缠，由于纠缠在保障和验证通信安全性方面扮演着至关重要的角色。远程纠缠已通过众多不同的概率性方法得以实现，然而，在超导量子通信架构中，至今尚未证实贝尔不等式（衡量量子关联强度的一种方式）的确定性违背，这在一定程度上是由于要实现足够强度的关联，就需要对纠缠光子的发射与捕获过程进行迅速且精确的控制。值得关注的是，研究者们已经提出了一种既简单又可靠的架构，旨在超导系统中达成这一基准测试结果。

2021 年，Ruzbehani 基于量子导引的理念，开展了一项关于贝尔不等式违反的仿真研究[44]。实验结果显示，贝尔不等式的违反直接表明了局域实在论的预测与量子力学的预期相悖。尽管量子力学的理论框架已相当完善，但其在自然界中的具体作用机制仍众说纷纭。在这项研究中，研究者利用了一个遵循马吕斯定律及量子导引原理的偏振体模型来模拟这一现象，该模型描述了纠缠光子对之间的超光速相互影响。值得注意的是，该模型设计得相当简洁，并未采用量子力学的复杂数学形式。然而，其模拟结果却与量子力学的预测完全吻合。尽管该模型看似简单，它却具有强大的模拟能力，能够处理一些不易通过解析方法评估的影响因素，如探测器和偏振器的性能不足，以及每次实验中光子值的差异等。例如，当探测器效率达到 83%时，CHSH 不等式得以成立，这与著名的解析计算所得的探测器效率极限完全吻合。此外，在吸收光子偏振的单通道偏振器中，为了完全违反贝尔不等式（$2\sqrt{2}$），必须调整偏振角至垂直方向；否则，最大违反将受到一定限制。该研究采用了图 1.11 所示的通用贝尔试验示意图。在该示意图中，光源发射出一对对纠缠的光子。每个光子经过一个由实验者设定的单通道偏振器后，被探测器所检测。同时，符合计数器会监视由预定间隔所产生的一致性。

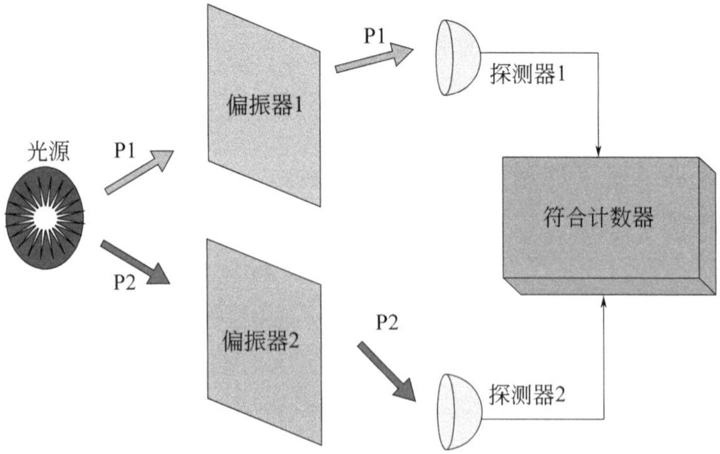

图 1.11　通用贝尔试验示意图

关于量子导引的概念，在这里做一点补充。量子导引（quantum

steering）是涉及量子纠缠的一个概念。它描述了两个空间位置分离的量子体系在一定条件下，一个系统通过测量可以控制另一个系统的态的现象。简单来说，当两个量子粒子发生纠缠时，它们的状态会相互依赖，无论它们之间的距离有多远。这种状态相互依赖的现象称为“量子纠缠”。量子导引是利用量子纠缠实现的过程，其中一个量子系统被测量以确定其状态，然后另一个量子系统的状态就被“导引”到与第一个系统相同的状态。这种现象被称为量子导引，因为它可以通过测量一个量子系统来控制另一个量子系统的状态，就像导航仪可以通过测量来指引方向一样。换句话说，通过对一个系统的测量，可以实现对另一个系统的远程操控或信息传输。量子导引在量子通信和量子计算中具有重要的应用，因为它可以实现远程控制和决策，而不需要直接传递信息。此外，它还可以帮助我们更好地理解量子纠缠的本质和量子力学中的非局域性。

尽管受限于当前的实验条件，存在诸多有待完善的漏洞，但科学家们仍在不断努力，通过贝尔类型不等式等研究手段，验证量子非局域性的合理性[45,46]。然而，这些研究背后隐藏着尚未明晰的物理原理，因此，深入的理论分析显得尤为重要。以下是一个利用 CHSH 不等式研究的有趣实例：与以往仅针对单一自由度和传统分束器的设置不同，该研究提出了一种创新的实验方案，旨在探讨如何利用一组精心设计的混合分束器实验装置，在两个独立的玻色子粒子之间的多个自由度（包括动量与动量、自旋与自旋以及动量与自旋之间）建立起贝尔关联[46]。随后，研究者们运用 CHSH 不等式对这两个粒子间的关联进行了细致分析，发现无论是对其中一个粒子的自旋还是对动量进行测量，其结果均违背了 CHSH 不等式。接下来，我们将重点阐述该文献中关于超纠缠的非局域性和混合纠缠的非局域性的核心内容。

在量子力学领域，自由度（degrees of freedom）是用于描述系统状态的独立变量或参数的数量，它们反映了系统能够自由变化的方向或维度。相较于经典物理中用于刻画系统独立运动模式或变量的自由度概念，量子力学中的自由度描述更为复杂，这主要归因于量子系统所特有的波粒二象性和量子纠缠等性质。在量子力学框架下，系统的自由度可以细分为以下几种类型。其一，位置自由度，描述粒子在空间中的位置。例如，在三维空间中，一个粒子的位置自由度由三个独立的坐标表示。其二，动量自由度，描述粒子的动量状态。根据量子力学的不确定性原理，位置和动量不能同时完全确定，因此它们是互相对偶的自由度。其三，自旋自由度，描述微观粒子固有的自旋性质。自旋自由度在量子力学中是一种额外的自由度，与位置自由度和动量自由度无直接联系。其四，能级自由度，考虑多粒子系统或量子系统的能级结构，能级自由度描述了粒子在不同能级之间的状态转换。其五，内部自由度，对于复杂的量子系统，如原子核，分子或固体晶体等，除了位置、动量和自旋之外，还可能存在内部自由度，用于描述系统内部的结构、振动模式或电子轨道等特性。

需要注意的是，在具体的物理问题中，自由度的数量可以根据系统的性质和约束条件而有所不同。不同类型的自由度共同构成了描述量子系统状态的完整集合。在李艳娜做的研究工作中[47]，她考虑了具有自旋自由度和动量自由度的一对粒子。两个自由度之间的关联性可以通过以下类型的过程引起。

$$|\downarrow, P_{\downarrow}\rangle \rightarrow \alpha|\downarrow, P_{\downarrow}\rangle + \beta|\uparrow, P_{\uparrow}\rangle \tag{1.22}$$

这里的$|i, P\rangle$描述了一个粒子的自旋态$|i\rangle$和动量P，且两个任意系数满足归一化条件：$|\alpha|^2 + |\beta|^2 = 1$。利用拉曼效应可以实现混合分束器的实验实现。拉曼散射（Raman scattering）是指光与物质相互作用时发生的一种非弹性散射现象。拉曼效应是由印度物理学家拉曼在1928年首次发现并阐释的物理现象，故而得名。当光通过物质时，大部分光会经历弹性散射，即光的频率和能量保持不变。然而，在一些特殊情况下，光与物质之间发生相互作用，部分光的频率和能量发生了变化，这就是拉曼效应。拉曼效应中，光与物质中的分子或晶格发生相互作用，导致光子的频率发生了变化。根据光的频率变化的不同，可以将拉曼散射分为两种类型：斯托克斯散射和反斯托克斯散射。斯托克斯散射是指入射光的频率降低，而散射光的频率变低。这是最常见的拉曼散射，按照能量守恒定律，部分入射光的能量转移到了物质的振动模式上，形成了散射光。反斯托克斯散射则是指入射光的频率升高，而散射光的频率也增高。在这种情况下，物质从外部获得能量，使分子或晶格发生振动，导致散射光的频率增加。拉曼散射的发生需要满足一定的选择规则和能量守恒条件。通过观察和分析拉曼散射光的频移和强度变化，可以获取关于物质结构、振动模式等信息，因此，拉曼散射在化学、材料科学等领域有广泛的应用。

一个原子在双色激光的存在下，可以经历从一个内部状态到另一个内部状态的双光子过程，即$|\downarrow\rangle \rightarrow |\uparrow\rangle$。在这个过程中，原子吸收一个动

量为 $\hbar k_1$ 的光子，然后再释放另一个动量为 $\hbar k_2$ 的光子，$\hbar k=\hbar(k_1-k_2)$ 的动量被转移到原子中。此项研究关注相同的玻色子粒子，上述过程由于粒子的不可分辨性而与干涉效应相结合。采用了玻色子算符 $\hat{a}_{i,P}$ 的二次量子化描述：$|i, P\rangle=\hat{a}_{i,P}^{\dagger}|0\rangle$。这里的 $|0\rangle$ 是真空态。玻色子算符满足正则对易关系

$$\begin{cases}[\hat{a}_{i,p_i},\hat{a}_{j,p_j}]=0\\ [\hat{a}_{i,p_i},\hat{a}_{j,p_j}^{\dagger}]=\delta(p_i-p_j)\delta_{ij}\end{cases} \tag{1.23}$$

玻色子和费米子都是指基本粒子的一种分类方式，这种分类基于基本粒子的自旋和统计行为。玻色子是自旋为整数的基本粒子，它们遵循的是玻色-爱因斯坦统计。这意味着在给定位置上，多个相同的玻色子可以同时存在，并且它们可以占据同一个量子态，即它们可以处于全同状态（identical state）。典型的玻色子包括光子、声子、玻色子超流体中的玻色-爱因斯坦凝聚态等。与之不同，费米子是自旋为半整数的基本粒子，它们遵循的是费米-狄拉克统计。根据该统计，给定位置上只能有一个费米子存在，且不同的费米子不能占据同一个量子态，即它们不能处于全同状态。典型的费米子包括电子、质子、中子、夸克等。玻色子和费米子的区别对于物理学和化学等领域来说非常重要。例如，在固体物理学中，电子是费米子，其导致了电子结构中的泡利（Pauli）不相容原理；而声子则是玻色子，因此声子可以协同起来形成玻色-爱因斯坦凝聚态。在量子力学中，费米子的全同行为导致了原子间的化学键形成，而玻色子的全同行为（identical behavior）则导致了激光等现象的发生。总之，自旋是基本粒子的一个重要属性，而玻色子和费米子是根据自旋所导致的不同统计行为而分类的。这种分类方式在解释和应用基本粒子的行为时具有重要意义。

玻色子算符满足正则对易关系，而费米子算符满足的是反对易关系。反对易关系定义了费米子算符之间的对易关系。对于两个费米子算符 $\hat{a}$ 和 $\hat{b}$，其反对易关系可以表示为：$\{\hat{a},\hat{b}\}=\hat{a}\hat{b}+\hat{b}\hat{a}=0$。其中，$\{\}$ 表示反对易关系，$\hat{a}\hat{b}$ 表示 $\hat{a}$ 与 $\hat{b}$ 的乘积，$\hat{b}\hat{a}$ 表示 $\hat{b}$ 与 $\hat{a}$ 的乘积。这意味着当两个费米子算符互相交换位置时，其乘积会发生正负号的变化。这是费米子算符特有的性质，与玻色子算符的对易关系不同。反对易关系的一个重要结果是，费米子算符的平方等于零：$\hat{a}^2=0$。这表示对于一个费米子算符

$\hat{a}$，对它进行两次操作后得到的结果为零。这意味着费米子算符只能取两个可能的值：0 或 1。费米子的反对易关系在量子场论、固体物理学和凝聚态物理学等领域中具有重要应用。例如，在量子力学中，费米子的反对易关系导致了泡利不相容原理，即两个相同自旋的费米子不能占据同一个量子态。这解释了为什么电子在原子和分子中存在特定的排布规则，如电子壳层结构及化学键的形成。

如图 1.12 所示，双模分束器有两个输入端口和两个输出端口，在自旋和动量自由度的平衡双模分束器可以描述为

$$\begin{pmatrix} a_{\downarrow,\mathrm{out}_1} \\ a_{\uparrow,\mathrm{out}_2} \end{pmatrix} = \frac{1}{\sqrt{2}} \begin{pmatrix} 1 & \mathrm{i} \\ \mathrm{i} & 1 \end{pmatrix} \begin{pmatrix} a_{\downarrow,\mathrm{in}_1} \\ a_{\uparrow,\mathrm{in}_2} \end{pmatrix}$$

$$\begin{pmatrix} a_{\downarrow,\mathrm{out}_2} \\ a_{\uparrow,\mathrm{out}_1} \end{pmatrix} = \frac{1}{\sqrt{2}} \begin{pmatrix} 1 & \mathrm{i} \\ \mathrm{i} & 1 \end{pmatrix} \begin{pmatrix} a_{\downarrow,\mathrm{in}_2} \\ a_{\uparrow,\mathrm{in}_1} \end{pmatrix} \tag{1.24}$$

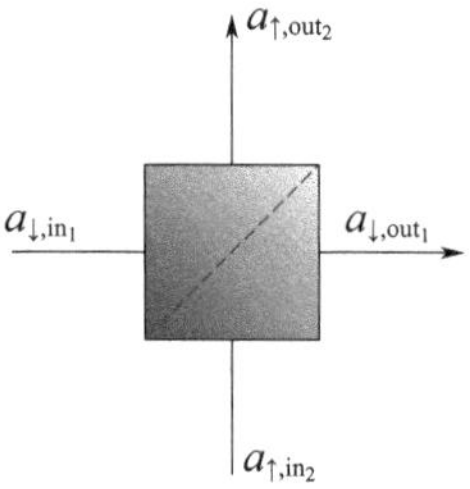

图 1.12　双模分束器

双模分束器是光学中常用的分束器件。双模分束器通常由两个分束器构成，按照不同的路径将一束光分成两束，然后再将两束光重新合并到一起。当两束光相遇时，它们会干涉，形成干涉图样。如果两束光的光程差为整数倍的波长，那么它们就会相长干涉，增强彼此的光强；如果两束光的光程差为半波长，那么它们就会相消干涉，抵消彼此的光强。通过调节其中一个路径的光程，可以改变干涉图样的形状，从而实现光的调制和控制。双模分束器通常由两个半透镜和一个半反射镜组成，将一束光分成两部分，分别经过两个半透镜后再次汇聚到一起，并被反射回来。由于其中一个半透镜是非对称的，因此两束光在汇聚时会发生相位差，从而形成干涉。它广泛应用于激光干涉仪、光学检测、光通信、量子计算等领域。

这里涉及超纠缠态的非局域性（hyper nonlocality）和混合纠缠态的

非局域性（hybrid nonlocality）的概念。超纠缠态的非局域性和混合纠缠态的非局域性是量子力学中的两个重要概念，它们都涉及量子态之间的非局域关联。这种状态在量子通信、量子计算等领域中有着重要的应用。总之，超纠缠态的非局域性和混合纠缠态的非局域性都是量子力学中的重要概念，它们涉及量子态之间的非局域关联，具有广泛的应用前景。图 1.13(a) 展示了超纠缠态的非局域性的概念，即在两个空间分离粒子的多个自由度之间同时存在贝尔关联性。显然，这里的“超”表明两者属于远距离的同一自由度关联，即：Alice 粒子的自旋与 Bob 粒子的自旋之间的关联；Alice 粒子的动量与 Bob 粒子的动量之间的关联。图 1.13(b) 展示了混合纠缠态的非局域性的概念，即识别了 Alice 粒子的离散自由度和 Bob 粒子的连续自由度之间的贝尔关联性。这里的“混合”预示着不同类型的自由度，即：Alice 粒子的自旋与 Bob 粒子的动量之间的关联；Alice 粒子的动量与 Bob 粒子的自旋之间的关联。

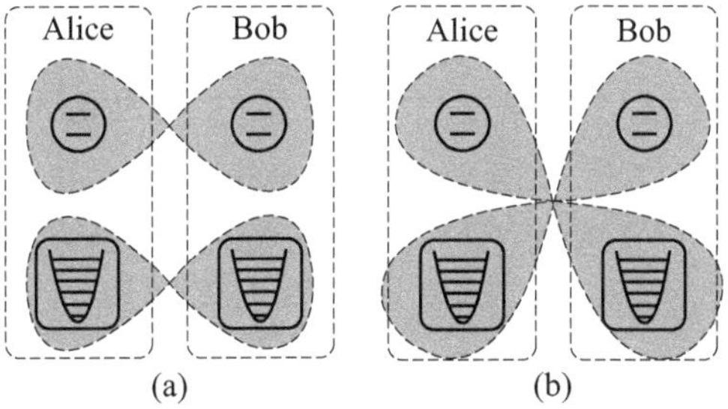

图 1.13　超纠缠态的非局域性和混合纠缠态的非局域性

图 1.14 展示了该研究提出的一个理想的实验方案模型[47]，旨在产生并验证超纠缠态的非局域性和混合纠缠态的非局域性现象。Alice 和 Bob 各自准备了一个处于自旋向下状态的粒子，并将它们送入一个混合分束器。该分束器的一个输出端口将信号发送至它们各自的探测器，而另一个输出端口的信号则发送给对方。通过引入第二个混合分束器来混合它们各自接收到的信号与本地信号，它们成功建立了所需的关联性。随后，Alice 和 Bob 分别测量了它们接收到的粒子的自旋或动量自由度，这一过程可以通过可互换的测量设备（即白盒）来完成。通过对双方接收一个粒子的事件记录的数据进行分析，结果显示违反了 CHSH 不等式。这项研究表明，这种违反现象的发生与所测量的自由度无关。

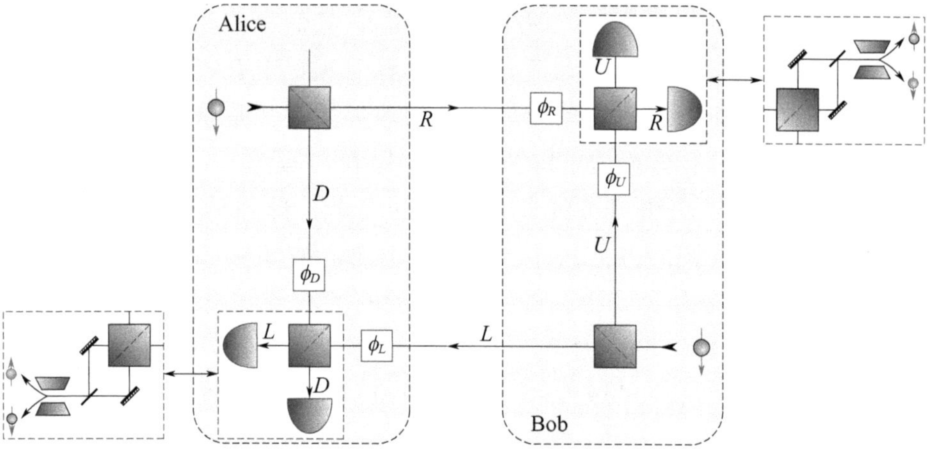

图 1.14 理想的实验方案模型

该方案所设想的序列以混合分束器和相移的形式表示，涉及 4 种正交的外部模态 R、L、U 和 D，外部模态表示动量自由度。以 L 和 D 模式发送的粒子被 Alice 的探测器接收并通过混合分束器的两个输出端口分开输出信息，而以 R 和 U 模式发送的粒子被发送到 Bob 的探测器并通过混合分束器的两个输出端口分开输出信息。Alice 进一步控制相移 ϕ_L 和 ϕ_D，而 Bob 可以控制相移 ϕ_R 和 ϕ_U。这个理想实验考虑了两个粒子的初态表示为

$$|\Psi_0\rangle=\hat{a}^{\dagger}_{\downarrow,R}\hat{a}^{\dagger}_{\downarrow,L}|0\rangle \tag{1.25}$$

在如图 1.14 两对混合分束器和路径相关相移的搭建的实验模拟组合中，可以将初态 $|\Psi_0\rangle$ 转换为

$$|\Psi\rangle=\frac{1}{4}[\mathrm{e}^{\mathrm{i}\phi_R}(\hat{a}^{\dagger}_{\downarrow,R}+\mathrm{i}\hat{a}^{\dagger}_{\uparrow,U})+\mathrm{i}\mathrm{e}^{\mathrm{i}\phi_D}(\hat{a}^{\dagger}_{\uparrow,D}+\mathrm{i}\hat{a}^{\dagger}_{\downarrow,L})]$$
$$\times[\mathrm{e}^{\mathrm{i}\phi_L}(\hat{a}^{\dagger}_{\downarrow,L}+\mathrm{i}\hat{a}^{\dagger}_{\uparrow,D})+\mathrm{i}\mathrm{e}^{\mathrm{i}\phi_U}(\hat{a}^{\dagger}_{\uparrow,U}+\mathrm{i}\hat{a}^{\dagger}_{\downarrow,R})]|0\rangle \tag{1.26}$$

然后考虑 4 种情况的关联：动量与动量、自旋与自旋、自旋与动量、动量与自旋。以图 1.15（a）为例，两粒子的自由度关联的期望值表现为

$$E(\phi_A,\phi_B)=\frac{P_{++}-P_{-+}-P_{+-}+P_{--}}{P_{++}+P_{-+}+P_{+-}+P_{--}}=-\cos(\phi_A-\phi_B) \tag{1.27}$$

其中，$\phi_A=\phi_D-\phi_L$ 和 $\phi_B=\phi_U-\phi_R$。由此表示出 CHSH 不等式

$$|E(\phi_A^0,\phi_B^0)+E(\phi_A^1,\phi_B^0)+E(\phi_A^0,\phi_B^1)-E(\phi_A^1,\phi_B^1)|\leqslant 2 \tag{1.28}$$

其中，两个探测器的角度设置为 ϕ_A^0、ϕ_A^1、ϕ_B^0 和 ϕ_B^1。在 4 个角度设

置取得某些值时，可以获得 CHSH 不等式的最大违反界限值 $2\sqrt{2}$。图 1.15 中，图（a）和图（b），借助 CHSH 不等式的违反表现了超纠缠态的非局域性；图（c）和图（d）借助 CHSH 不等式的违反表现了混合纠缠态的非局域性。这是李艳娜研究团队所做工作的主要创新点。

	B：R	B：U
A：D	$\frac{1}{4}\sin^2\phi$	$\frac{1}{4}\cos^2\phi$
A：L	$\frac{1}{4}\cos^2\phi$	$\frac{1}{4}\sin^2\phi$

(a) 动量与动量

	B：$\downarrow$	B：$\uparrow$
A：$\downarrow$	$\frac{1}{4}\cos^2\phi$	$\frac{1}{4}\sin^2\phi$
A：$\uparrow$	$\frac{1}{4}\sin^2\phi$	$\frac{1}{4}\cos^2\phi$

(b) 自旋与自旋

	B：R	B：U
A：$\downarrow$	$\frac{1}{4}\cos^2\phi$	$\frac{1}{4}\sin^2\phi$
A：$\uparrow$	$\frac{1}{4}\sin^2\phi$	$\frac{1}{4}\cos^2\phi$

(c) 自旋与动量

	B：$\downarrow$	B：$\uparrow$
A：D	$\frac{1}{4}\sin^2\phi$	$\frac{1}{4}\cos^2\phi$
A：L	$\frac{1}{4}\cos^2\phi$	$\frac{1}{4}\sin^2\phi$

(d) 动量与自旋

图 1.15　两粒子相同自由度和不同自由度的关联

CHSH 不等式在实验验证领域具有广泛的应用，尤其是在贝尔实验中。然而，潘建伟团队在进行贝尔实验时，发现 CHSH 不等式并未达到其最大违反界限值 2.828。利用光子的偏振纠缠态，潘建伟团队成功实施了贝尔不等式实验[48]。远距离纠缠分布在量子物理的基础测试和构建可扩展量子网络中扮演着至关重要的角色。然而，由于信道损失，以往实验所能达到的距离受到了限制。如图 1.16 所示，潘建伟团队通过卫星成功地将纠缠光子对分发到地球上两个相隔 1203km 的位置，这两个位置通过卫星到地面的两个下行链路相连，总长度在 1600km～2400km 之间。在严格遵循爱因斯坦局域条件的实验环境下，潘建伟团队观察到了双光子纠缠的存在，并测得贝尔不等式被违反了，最大违反界限值为 2.37 ± 0.09。该实验采用的是 CHSH 不等式，其形式涉及一个统计量 S，该统计量代表所有测量结果的期望值之和。实验所得的 S 值略低于最大违反界限值（约 2.828），这意味着在该实验中，光子对的偏振纠缠态使得贝尔不等式成立，接近但未达到最大违反程度。这种情况可能是由于实验过程中存在技术或环境噪声等因素导致的结果。尽管如此，该实验仍然成功地证明了光子对的偏振纠缠态使得贝尔不等式被违反，从而验证了量子力学中的非局域性原理。作为目前已知违反贝尔不等式最严格的实验之一，该实验对于深入探索量子力学的基本原理具有重要意义。该实验涉及多光子纠缠。

多光子纠缠是指在量子光学中，多个光子之间存在的一种特殊的量子纠缠关系。量子纠缠是量子力学的一种现象，它描述了两个或多个粒子之间的非经典关联，使得它们的状态无法被单独描述。在多光子系统中，当光子产生或相互作用时，它们可以形成纠缠态。纠缠态意味着这些光子之间存在着相互依赖的关系，即一个光子的状态与其他光子的状态是相关的，无论它们之间的距离有多远。多光子纠缠可以通过一些特定的光学非线性过程实现，如自发参量下转换等。在自发参量下转换中，一个入射的激光束通过非线性晶体时，会发生光子对的产生，其中一个光子称为信号光子，另一个光子称为伴随光子。这两个光子以一种不可分辨的方式纠缠在一起，它们的状态是相互关联的。多光子纠缠在量子信息科学中有广泛的应用，例如量子计算、量子通信和量子密钥分发等。通过利用多光子纠缠的特性，可以实现超越经典物理的信息处理和通信任务。例如，通过测量一个光子的状态，可以实现对其他纠缠光子状态的远程操控和传输，这被称为量子隐形传态。尽管多光子纠缠在理论和实验上都得到了广泛的研究，但它仍然是一个复杂和深奥的量子现象，需要进一步的研究和理解。

图 1.16　基于卫星的纠缠实验装置

1.2　其他概念

1.2.1　自旋相干态

在量子力学中，相干态（coherent state）是一种特殊的量子态，它具有一些类似于经典波动的性质，因此在许多领域中都有重要的应用。罗伊·格劳伯于1963年首次引入了相干态的概念，这是一种能够同时满足位置和动量不确定性原理的态。在数学上，它可以被描述为谐振子的薛定谔态在相空间中的最优局域化态。相干态具有一些类似于经典波动的特性，比如它们在经典极限下会收敛到经典的相空间轨迹。最初，相干态被认为是谐振子相干态。谐振子相干态是描述谐振子的一种特殊量子态。在经典物理中，谐振子是一个具有固定频率的振动系统，其运动可以用振幅和相位来描述。而在量子力学中，谐振子的运动被描述为一个简谐势场中的粒子的运动。谐振子相干态是指谐振子的量子态，它具有一些特殊的性质。首先，相干态是谐振子的能量本征态，也就是说，它是谐振子能量最低的状态。其次，相干态的波函数表现为一个高斯波包，该波包在位置空间中主要集中在平衡位置附近。最后，相干态具有确定的相位，也就是说，它在时间演化过程中保持着固定的相对相位关系。这种特点使得相干态在量子光学中有广泛的应用。例如，相干态可以用来描述光的经典特性，如干涉、衍射和相干性等。在数学上，可以用产生算符和湮灭算符作用于基态得到谐振子相干态。产生算符和湮灭算符是描述量子谐振子的重要工具，它们可以改变谐振子的光子数。通过适当的线性组合，可以得到不同光子数的相干态。总之，谐振子相干态是描述谐振子量子态的一种特殊形式，它具有确定的能量、位置和相位特性，在量子光学和量子信息领域具有重要的应用。这里介绍谐振子相干态的两种定义。

① 谐振子相干态$|\alpha\rangle$是湮灭算符$\hat{a}$的本征态，表示为

$$\hat{a}|\alpha\rangle=\alpha|\alpha\rangle \tag{1.29}$$

这里的本征值α为复数。

② 将平移算符$\hat{D}(\alpha)$作用在真空态$|0\rangle$上以得到谐振子相干态$|\alpha\rangle$，表示为

$$|\alpha\rangle=\hat{D}(\alpha)|0\rangle \tag{1.30}$$

其中，平移算符定义为$\hat{D}(\alpha)=\exp(\alpha\hat{a}^{\dagger}-\alpha^{*}\hat{a})$。如图1.17所示，$\alpha=0$的基态可以通过在复$\alpha$平面上的某种位移而得到$\alpha\neq0$的谐振子相干态。

相干态具有两个性质。其一，相干态具有良好的最小不确定性特性，即它们在位置和动量空间中都具有较小的不确定度；其二，相干态之间存在着正交性，这使得它们在某些量子计算和量子通信方面具有重要的应用

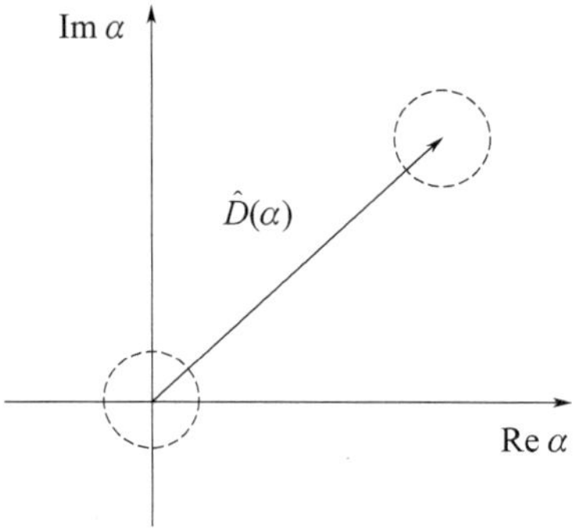

图 1.17 将平移算符作用在真空态上平移而得到谐振子相干态

价值。相干态应用于许多重要领域。在光学中，相干态是描述光场的一种重要方式。激光通常可以被描述为一组相干态的叠加，而相干态也可以用来描述单光子的量子态。相干态在量子信息处理中有重要应用，比如它们可以用于量子计算、量子通信和量子密钥分发等领域。在原子物理中，相干态可以用来描述原子的运动状态，以及原子与电磁场的相互作用。

在 20 世纪 70 年代早期，拉德克利夫[49]、吉尔摩[50,51] 和佩雷洛莫夫[52] 分别介绍了“自旋相干态”（spin coherent states）这一概念。自旋相干态也叫作原子（atomic）相干态、布洛赫（Bloch）相干态或 SU(2) 相干态。这种名称的多样性反映了其在量子物理学中发挥作用的领域范围有所不同。自旋相干态是量子力学中描述自旋系统的一种特殊态。在量子力学的自旋系统中，自旋是粒子的内禀性质，类似于旋转角动量。粒子的自旋可以采用不同的取向，通常用自旋向上“$|\uparrow\rangle$”和自旋向下“$|\downarrow\rangle$”来表示。自旋相干态描述了自旋的状态，具有一些特殊的性质。我们可以通过对自旋算符的本征态施加相应操作而获得自旋相干态。自旋算符包括自旋角动量的三个分量，这三个分量分别用算符 $\hat{S}_x$、$\hat{S}_y$ 和 $\hat{S}_z$ 表示。自旋相干态可以定义为自旋算符在某个方向上的本征态与一个复数因子进行叠加而得到的态。这个复数因子可以通过相干态的极化参数进行描述。当一个自旋系统处于自旋相干态时，它并不处于一个确定的自旋取向，而是同时具有多个自旋取向的叠加态。自旋相干态的特点是它同时包含了不同自旋取向的概率幅，这使得自旋相干态在量子信息处理和量子计算中具有重要的应用。

自旋相干态与谐振子相干态定义方式有些相似。自旋相干态具有两种定义。

① 自旋投影算符 $\hat{S}\cdot\boldsymbol{r}$ 的本征态是自旋相干态，即自旋在空间中任意给定方向 $\boldsymbol{r}$ 的最大自旋本征值 $\pm s$ 所对应的本征态[5]。自旋投影算符的本征方程是

$$\hat{S}\cdot\boldsymbol{r}\,|\pm r\rangle=\pm s\,|\pm r\rangle \tag{1.31}$$

这里的 $\boldsymbol{r}$ 是单位矢量，$\hat{S}$ 是自旋算符。

② 取“极值”态 $|s,s\rangle$ 的量子化方向轴为 $\vec{e}_z$ 轴，将 $\vec{e}_z$ 轴的 $|s,s\rangle$ 态转动到任意方向 $\boldsymbol{r}$ 所对应的态，就是自旋相干态[53]。将转动算符 $\hat{D}$ 作用在“极值”态 $|s,s\rangle$ 上所产生的相干态是北极规范下的相干态[53]，表示为

$$|+r\rangle=\hat{D}\,|s,s\rangle \tag{1.32}$$

这里的转动算符 $\hat{D}$ 是

$$\hat{D}=\exp(-\mathrm{i}\theta\hat{S}\cdot\boldsymbol{n})=\exp(\xi\hat{S}_{+}-\xi^{*}\hat{S}_{-}) \tag{1.33}$$

它表示为以 $\boldsymbol{n}$ 为转动轴逆时针转 θ 角的转动。单位矢量 $\boldsymbol{n}=(-\sin\phi,\cos\phi,0)$处在 $x-y$ 平面内。这里的复数 ξ 用来标记以原点为中心，$\pi/2$ 为半径的闭合圆盘，表示为

$$\xi\overset{\text{def}}{=}-\frac{\theta}{2}\mathrm{e}^{-\mathrm{i}\phi} \tag{1.34}$$

借助等价无穷小代换关系式，将式（1.33）化简为

$$\begin{aligned}&\exp(\xi\hat{S}_{+}-\xi^{*}\hat{S}_{-})\\&=\exp(-\zeta^{*}\hat{S}_{+})\exp(\ln(1+\zeta\zeta^{*})\hat{S}_{z})\exp(\zeta\hat{S}_{-})\\&=\exp(\zeta\hat{S}_{-})\exp(-\ln(1+\zeta\zeta^{*})\hat{S}_{z})\exp(-\zeta^{*}\hat{S}_{+})\end{aligned} \tag{1.35}$$

其中

$$\zeta=-\frac{\xi^{*}}{|\xi|}\times\frac{\sin|\xi|}{\cos|\xi|}=\tan\frac{\theta}{2}\mathrm{e}^{\mathrm{i}\phi} \tag{1.36}$$

这里的参数 ζ 表示通过一个立体投影到单位矢量$(\theta/2,\phi)$的希尔伯特空间上来参数化黎曼球面[55]。接着，借助于下列式(1.37)～式(1.41）得到相干态。

$$\mathrm{e}^{\hat{A}+\hat{B}}=\mathrm{e}^{\hat{A}}\mathrm{e}^{\hat{B}}\mathrm{e}^{-[\hat{A},\hat{B}]/2} \tag{1.37}$$

对易关系式

$$[\hat{S}_+,\hat{S}_-]=2\hat{S}_z \tag{1.38}$$

自旋算符 $\hat{S}_z$ 的本征方程

$$\hat{S}_z|s,m\rangle=m|s,m\rangle \tag{1.39}$$

自旋升算符 $\hat{S}_+$的表达式

$$\hat{S}_+|s,s\rangle=0 \tag{1.40}$$

通过自旋升降算符作用于“极值”态上可以得到所有的本征态

$$|s,m\rangle=\sqrt{\frac{(s-m)!}{(s+m)!\ 2s!}}(\hat{S}_+)^{s+m}|s,-s\rangle=\sqrt{\frac{(s+m)!}{(s-m)!\ 2s!}}(\hat{S}_-)^{s-m}|s,s\rangle \tag{1.41}$$

可以得到用 Dicke 态 $|s,m\rangle$ 表示的北极规范下的相干态是

$$|+r\rangle=\sum_{m=-s}^{s}\sqrt{\frac{2s!}{(s-m)!\ (s+m)!}}\sin^{s-m}\frac{\theta}{2}\cos^{s+m}\frac{\theta}{2}e^{i(s-m)\phi}|s,m\rangle \tag{1.42}$$

此外，将转动算符 $\hat{D}$ 作用在“极值”态 $|s,-s\rangle$ 上所产生的相干态称之为南极规范下的相干态[54]，用 $|-\boldsymbol{r}\rangle$ 表示。显然与谐振子相干态不同，图 1.18 表示了 SU(2)相干态的几何形状，SU(2)相干态将二维球体 S^2 映射到复平面上[54]。

南、北极规范下的相干态是描述光学和量子光学系统中的电磁场的一种特殊量子态。它们以规范固定的方式来描述电磁场的经典极化状态。在量子光学中，电磁场可以由两个正交方向上的振幅和相位来描述。常用的表示方式是使用两个互相垂直的偏振态，例如水平极化（$|H\rangle$）和垂直极化（$|V\rangle$）。然而，在某些情况下，使用南、北极规范下的相干态可以更方便地描述电磁场的极化性质。对于电磁场中的一组垂直极化的模式，南、北极规范下的相干态是所有模式都处于相同极化态（南极或北极）的量子态。以单模式为例，南、北极规范下的相干态可以表示为 $|S\rangle=e^{i\theta}|N\rangle$，其中，$|N\rangle$ 表示北极态，$|S\rangle$ 表示南极态，θ 是一个相位参数。首先，它们是电磁场的经典极化态，即在经典光学中可以用经典电磁场的南、北极描述该经典极化态。其次，南、北极规范下的相干态是自旋算符（角动量算符）的本征态，其自旋算符在这个态下有确定的期望值。最后，

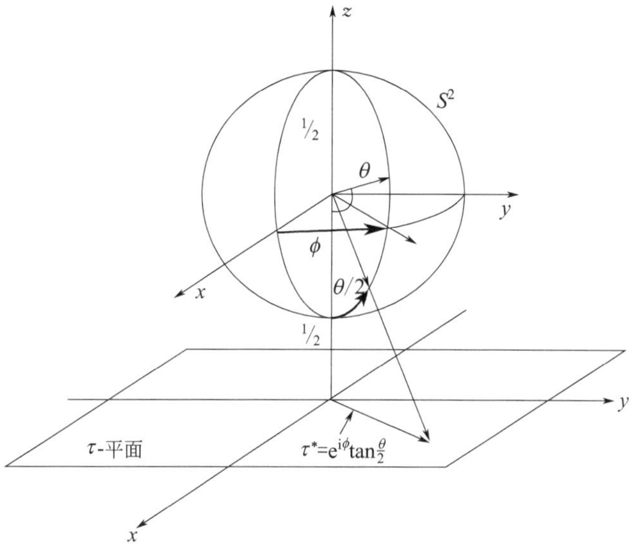

图 1.18　SU（2）相干态的几何形状

南、北极规范下的相干态具有最小的不确定性，即它们是纯态。南、北极规范下的相干态在量子光学和量子信息处理中具有广泛的应用。它们可以用于描述和操控场的极化性质，例如量子态的制备、量子通信和量子计算等。此外，南、北极规范下的相干态还可以用于光学实验和研究中，以更直观和方便的方式描述和分析电磁场的行为。

1.2.2 Berry 相位

Berry 相位是指在量子力学中描述相干现象的一种重要概念。英国物理学家迈克尔・贝里（Michael Berry）于 1983 年首次提出了 Berry 相位，该相位因此得名。在传统的量子力学中，波函数通常描述了一个系统的状态随时间的演化。然而，当系统的哈密顿量（描述系统能量的算符）随时间发生变化时，波函数的演化可能会导致额外的相位变化，这就是 Berry 相位所描述的现象。Berry 相位的概念可以通过一个简单的经典类比来理解。考虑一个经典力学中的转子（rotor），当转子在外加磁场的作用下绕轴旋转时，由于绕向的几何结构，转子最终会获得一个除了动力学相位以外的额外相位，这个额外相位就类似于 Berry 相位。而在量子力学中，Berry 相位的计算涉及系统的哈密顿量随时间的变化，通常通过对时间参数的路径积分来计算得到该相位。系统的哈密顿量在参数空间发生循环的绝热演化时，系统的本征态会发生变化。当系统的本征态处于非简并态时，参数沿闭合路径演化刚好为一个周期，即

$$R(t)=R(0) \tag{1.43}$$

系统的哈密顿量也回到了它初始时刻的状态，即

$$\hat{H}(R(t))=\hat{H}(R(0)) \tag{1.44}$$

但是系统本征态的相位发生了变化，波函数为

$$|\psi_{\mathrm{n}}(t)\rangle=\mathrm{e}^{\mathrm{i}\gamma_n(t)}\exp\left[-\frac{\mathrm{i}}{h}\int_0^t \mathrm{d}t'\varepsilon_n(R(t'))\right]|n(R(t))\rangle \tag{1.45}$$

除了有人们所熟悉的动力学相位

$$\exp\left[-\frac{\mathrm{i}}{h}\int_0^t \mathrm{d}t'\varepsilon_{\mathrm{n}}(R(t'))\right]$$

还增加了一个“几何相位” $\gamma_{\mathrm{n}}(t)$，这个几何相位就是 Berry 相位。也就是说，假如哈密顿量的时间依赖性与一组参数有关，那么参数空间中哈密顿量的循环演化会导致一个具有几何意义的附加相位，就是 Berry 相位[56]。

当一个经典或量子系统在其参数空间中经历一个由缓慢变化控制的循环演化时，它获得了一个被称为几何或 Berry 相位的拓扑相位因子，它揭示了量子力学中的规范结构[56]。Berry 相位用于描述一个量子系统在参数空间中绕着闭合路径演化时积累的相位。这个相位与系统的几何结构和路径参数的变化方式有关，而与具体的时间演化路径无关。值得一提的是，经典对应汉奈（Hannay）角则描述了经典力学中类似的现象。它描述了经典力学系统在相空间中绕着闭合轨迹运动时积累的额外相位。Hannay 角与系统的几何结构以及运动路径的变化方式有关，而与具体的时间演化路径无关。汉奈（Hannay）在 1985 年提出这一概念。Hannay 角是这个附加的 Berry 相位的经典对应物[57,58]。根据贝里[58] 的观点，在半经典层面上，量子几何相位与经典的 Hannay 角展现出相同的性质。应提到的是，在量子力学中，半经典是一种近似描述方法，用于处理具有明显经典行为但又涉及了量子效应的物理系统。它是经典物理和量子物理之间的一种过渡状态。在半经典近似下，我们将系统中的某些物理量视为经典变量，而将其他物理量视为量子变量。通常情况下，我们将粒子的运动看作经典的，因为它们服从经典的运动方程，例如牛顿运动定律。而对于与波

动性、干涉性等量子效应相关的物理量，我们则采用量子力学的描述。半经典近似可以通过多种方法实现，其中一种常见的方法是使用准经典路径积分方法。在这种方法中，我们将量子态表示为经典轨迹的叠加，然后对这些经典轨迹进行积分以获得期望值。半经典近似方法在许多领域中都有广泛应用，特别是在原子物理、分子物理、固体物理和光学等领域。它允许我们用更简单的经典图像来解释一些复杂的量子现象，并且在处理大型系统时可以节省计算资源。Berry 相位与 Hannay 角在某种程度上具有类比性，它们都刻画了在参数空间或相空间中沿闭合路径演化时所累积的相位。这两个概念都与系统的几何结构以及路径的变化方式密切相关。因此，在某些情形下，我们可以通过经典对应来阐释量子力学中的 Berry 相位，从而搭建起量子力学与经典力学之间的桥梁。总体而言，无论是 Berry 相位还是 Hannay 角，它们都聚焦于系统在参数空间或相空间中的演化历程，并对这一历程中所累积的相位进行了详尽的描述。它们为我们提供了一个独特的视角，有助于深入理解量子力学与经典力学之间的内在联系。

关于 Berry 相位的研究颇为丰富。例如，Latmiral 和 Armata 探讨了复合系统光机械学中相位测量的量子与经典的问题[59]。此外，在 Hannay 角为经典可积系统所构建的框架内，Rückriegel 深入研究了半经典磁动力学过程中产生的几何相[60]。值得注意的是，南、北极规范下的自旋相干态之间存在一个几何相位因子，即 Berry 相位，其根源可追溯至拓扑学。在后续章节的研究中，我们将 Berry 相位与贝尔不等式的违反相联系，为深入理解拓扑非平庸性奠定了坚实基础。Berry 相位的存在对于阐释众多量子力学现象及应用至关重要，拓扑绝缘体、自旋轨道耦合等领域均涉及 Berry 相位的概念。在“非孤立系统中的 Berry 相位（Berry phase in a nonisolated system）”一文中，Whitney 和 Gefen 研究了环境对涉及自旋 1/2 的 Berry 相位测量的影响[61]。他们通过模拟一个具有时间相关磁场的偏置自旋-玻色子哈密顿量，来探讨自旋与环境的耦合作用。然而，此 Berry 相位与孤立自旋 1/2 的 Berry 相位存在差异，无法仅仅凭借裸自旋态或在我们追踪环境后剩余的修饰自旋共振的绝热演化来进行几何解释。这一发现对于超导纳米电路中提出的 Berry 相位测量尤为关键，由于在此类电路中，耗散效应被认为十分显著。当然，关于 Berry 相位的研究还涵盖了诸多其他领域[62-70]，此处不再一一赘述。总体而言，Berry 相位作为描述量子力学中相干演化的一种核心概念，极大地丰富了我们对量子系统行为的理解，对于解释和预测某些新奇的量子效应具有深远意义。

1.3 本书的内容及结构安排

量子纠缠是量子信息和量子计算的重要组成部分，贝尔不等式在量子纠缠中扮演着十分重要的角色。人们一般认为存在两种类型的非局域性：一类是量子态的相位效应，例如，阿哈罗诺夫-玻姆（Aharonov-Bohm）效应和 Berry 相位；另一类是在某些纠缠态下贝尔不等式被违反了。如何确定“量子态的相位效应”和“贝尔不等式的违反”之间的关系是一个长期存在的问题。本书提供了将贝尔不等式的违反与几何相位联系起来的例子。贝尔不等式是否违反与量子概率有关，这主要取决于量子相干特性。另外，本书为实现自旋宇称效应的实验演示提供了理论基础。本书基于粒子数量子关联概率表示方法、自旋相干态的量子概率统计方法讨论了各种贝尔类型不等式及其违反，主要研究工作如下。

实验检验贝尔不等式主要聚焦于 CHSH 不等式这一形式，该不等式设定了一个明确的界限值。相比之下，Wigner 不等式的违反现象却较少受到研究者的瞩目。本书的第 2 章借助自旋相干态的量子概率统计方法，对 Wigner 不等式及其违反情况进行了拓展，使其能够应用于任意两粒子反平行及平行自旋极化的纠缠态。具体而言，纠缠态密度算符的局域部分支撑了 Wigner 不等式的成立，而纠缠态的两个组成部分间存在的非局域干涉效应，则导致了 Wigner 不等式的违反。在 Wigner 不等式中，我们用 W 来表示测量结果的关联。对于任意系数的纠缠态，在遵循局域实在论的模型中，W 的值总是小于或等于 0。另一方面，当 Wigner 不等式被违反时，其表现特征为 W 取正值，并且存在一个最大的违反界限值。因此，我们可以得出结论：与 CHSH 不等式相似，Wigner 不等式同样有助于量子纠缠违反的实验检测。

原始的贝尔不等式主要应用于两粒子自旋单态的情况，然而，在探讨平行自旋极化纠缠态时，该不等式需进行相应的调整。本书第 3 章通过基于粒子数关联的经典统计分析，验证了扩展后的贝尔不等式，这一不等式对于两粒子的平行及反平行自旋极化纠缠态均适用。利用自旋相干态的量子概率统计与态密度算符，我们可以将贝尔不等式及其违反情况统一表达为局域项与非局域项的组合。其中，局域项部分构成了贝尔不等式的基础，而对贝尔不等式的违反则直接源于纠缠的两粒子之间的非局域量子干涉效应。贝尔测量结果的关联用特定符号 P_B 表示，在遵循局域实在论的条件下，无论纠缠态的叠加系数如何变化，该关联 P_B 总是小于或等于 1。当涉及非局域量子干涉的因素时，我们发现贝尔不等式的最大违反程度取决于态参数以及三个测量方向。此外，这些研究成果同样适用于纠缠光子对的情况。

在第 4 章的探讨中，我们依据量子概率统计的方法，将贝尔不等式及其违反情况进一步扩展到了自旋为平行和反平行极化纠缠的薛定谔猫态（也称作纠缠猫态）的范畴。值得注意的是，除了自旋 1/2 的情况外，纠缠猫态的测量结果遍布整个希尔伯特空间，且在此范围内，它永远不会违反贝尔不等式。然而，当测量范围限定在自旋相干态的子空间内时，我们在局域实在论模型的框架内明确表达出一个具有普遍适用性的贝尔类型不等式。在研究过程中，我们观察到了一个显著的自旋宇称效应：仅在半整数自旋时，纠缠猫态违反了普适的贝尔类型不等式，而在整数自旋时，普适的贝尔类型不等式保持成立。这种违反现象被归因于半整数自旋时，位于南、北极规范下的自旋相干态之间所展现出的非平庸 Berry 相位，而这一几何相位对于整数自旋而言则是可以忽略不计的。此外，对于任意半整数自旋的纠缠态而言，普适的贝尔类型不等式有确定的最大违反界限值。

第 5 章提出了一个广义贝尔类型不等式，该不等式专门设计用于描述多粒子系统中任意自旋的薛定谔猫态的纠缠现象。基于量子概率统计的方法，我们将广义贝尔类型不等式及其可能的违反情况，通过态密度算符以一种统一的形式进行了表述。这个态密度算符被细分为局域项和非局域项。局域项部分表明广义贝尔类型不等式的成立，而非局域项则是导致广义贝尔类型不等式被违反的关键因素。值得注意的是，当不涉及自旋 1/2 时，在量子平均的层面上，广义贝尔类型不等式并不会被违反。然而，如果我们将测量结果限定在自旋相干态的子空间内，即仅考虑具有最大自旋值的情况，那么即便是在不完备的测量条件下，广义贝尔类型不等式仍然具有其应用价值。进一步地，利用自旋相干态的量子概率统计方法，我们证明了广义贝尔类型不等式的违反情况仅发生在半整数自旋系统中，而不会发生在整数自旋系统中。此外，我们还发现，不等式违反的最大界限值与纠缠粒子的数量奇偶性密切相关：当粒子数为奇数时，最大违反界限值为 1/2；而当粒子数为偶数时，最大违反界限值则达到 1。

本书第 6 章探讨了贝尔不等式在量子力学中的应用和局限性，并对其未来研究方向进行了展望。贝尔不等式是描述物理学中隐变量理论与量子力学之间的差异的数学工具，它的发现揭示了量子力学中的非局域性和测量的不确定性。

第2章

适用于两粒子反平行和平行自旋极化纠缠态的Wigner不等式

本章研究提出了一种量子力学框架，以统一的形式来表述贝尔不等式的各种形式及其违反。为了清楚地描述贝尔不等式及其违反情况，研究时将两粒子纠缠态的密度算符分为局域部分和非局域部分。通过自旋相干态量子概率统计方法和测量结果独立的假设，得到测量结果关联概率。局域部分产生局域关联概率，导致了贝尔不等式的成立。然而，非局域部分，也就是两粒子纠缠态的量子干涉部分，导致了贝尔不等式的违反。通过考虑两粒子任意自旋纠缠态，研究者预测了自旋宇称效应[71]。当自旋测量结果只出现自旋向上和自旋向下两种情况时，贝尔不等式的违反仅仅发生在半整数自旋而非整数自旋。此外，由两粒子自旋测量反转的 Berry 相位干扰导致了自旋宇称效应。

相对于贝尔不等式，Wigner 不等式的形式更为简单，它只需要测量自旋向上的粒子数关联概率。本章考虑了两粒子反平行和平行自旋极化纠缠态[73]，重新表述了 Wigner 不等式及其违反。尽管 Wigner 不等式很简单，但它很少引起实验学家们的注意，原因可能是它缺少一个量化的界限，而计算量化的界限对于实验上验证不等式的违反是很有必要的。例如，CHSH 不等式的量化界限为 $P_{\mathrm{CHSH}}^{\mathrm{lc}}\leqslant 2$，当超出经典界限值 2 时，就表示违反了 CHSH 不等式。类似地，本研究定义一个 Wigner 关联概率，用符号 W 表示。在局域实在论的假设下，存在局域 Wigner 关联概率小于等于零（$W_{\mathrm{lc}}\leqslant 0$）的不等式，该不等式就是 Wigner 不等式。研究者可以发现适用于两粒子反平行和平行自旋极化纠缠态的 Wigner 不等式的最大违反界限值。

2.1 自旋相干态量子概率统计

在隐变量假设的经典概率统计下，研究人员可以推导出原来的贝尔不等式和 CHSH 不等式。我们可以用统一的形式去描述贝尔类型不等式及违反，这种形式称之为自旋相干态量子概率统计[74]。在物理学中，经典概率统计和量子概率统计是两种不同的概率描述方法，用于描述微观粒子或系统的行为。经典概率统计是一种基于经典物理的概率描述方法。它适用于描述由大量粒子组成的系统，其中粒子之间的相互作用可以被经典物理定律准确描述。在经典概率统计中，物理量的测量结果是确定性的，每个粒子都具有明确定义的位置和动量，且在任意时刻都可以同时测量到。例如，在经典统计中，我们可以使用经典概率分布函数（如正态分布）来描述大量粒子的统计行为。这些分布函数可以给出粒子在不同状态下的概率分布，从而描述粒子的统计特性。相比之下，量子概率统计是一种基于量子力学的概率描述方法。它适用于描述微观粒子或系统，其中粒子之间的相互作用受到量子力学的影响。在量子概率统计中，物理量的测量结果是不确定的，而以概率的形式出现。这是由量子力学中的不确定性原理所决定的。在量子概率统计中，我们使用量子态来描述系统的状态。量子态是一个复数向量，它可以表示粒子或系统可能处于的各种状态。通过对量子态进行测量，我们可以得到一系列可能的测量结果，并根据这些结果计算出概率分布。量子概率统计还涉及纠缠态和叠加态等特殊现象。纠缠态是指两个或多个粒子之间存在相互关联，无论它们之间的距离有多远。叠加态是指量子系统在没有被观测之前，可以同时处于多个可能的状态。总的来说，经典概率统计和量子概率统计是两种不同的概率描述方法，适用于不同尺度和性质的物理系统。经典概率统计适用于宏观尺度和经典物理范畴，而量子概率统计适用于微观尺度和量子物理范畴。

我们依据纠缠态写出态密度算符，将态密度算符分为局域部分和非局域部分。局域部分对应经典概率统计，用来表明贝尔类型不等式的成立；非局域部分则表示量子干涉项，这一项的存在是导致贝尔类型不等式违反的主要原因。我们首先对经典概率统计和量子概率统计的概念得到一个基本的认知，然后再看下面的细节描述。

首先，考虑任意系数的两粒子反平行自旋极化纠缠态，写为

$$|\psi\rangle = c_1|+,-\rangle + c_2|-,+\rangle \tag{2.1}$$

其中，归一化系数为 $c_1=\mathrm{e}^{\mathrm{i}\eta}\sin\xi$，$c_2=\mathrm{e}^{-\mathrm{i}\eta}\cos\xi$，且 ξ 和 η 为任意两个实参数。$|\pm\rangle$ 代表自旋 1/2 时 $\hat{\sigma}_z$ 的本征态，本征方程表示为 $\hat{\sigma}_z|\pm\rangle=\pm|\pm\rangle$。假设我们制备了空间上分离且相距非常遥远的两粒子纠缠态。此时，纠缠态的密度算符表示为

$$\hat{\rho}=|\psi\rangle\langle\psi|=\hat{\rho}_{\mathrm{lc}}+\hat{\rho}_{\mathrm{nlc}} \tag{2.2}$$

其中，密度算符的局域部分写为

$$\hat{\rho}_{\mathrm{lc}}=\sin^2\xi|+,-\rangle\langle+,-|+\cos^2\xi|-,+\rangle\langle-,+| \tag{2.3}$$

它表示经典的两粒子概率密度算符，描述了相距遥远的两粒子纠缠系统的单个自旋。

密度算符的非局域部分写为

$$\hat{\rho}_{\mathrm{nlc}}=\sin\xi\cos\xi(\mathrm{e}^{2\mathrm{i}\eta}|+,-\rangle\langle-,+|+\mathrm{e}^{-2\mathrm{i}\eta}|-,+\rangle\langle+,-|) \tag{2.4}$$

它是两个相距遥远的纠缠粒子的量子相干密度算符。

任意系数的两粒子平行自旋极化纠缠态写作$|\psi\rangle=c_1|+,+\rangle+c_2|-,-\rangle$，此时纠缠态密度算符的局域部分写为

$$\hat{\rho}_{\mathrm{lc}}=\sin^2\xi|+,+\rangle\langle+,+|+\cos^2\xi|-,-\rangle\langle-,-| \tag{2.5}$$

纠缠态密度算符的非局域部分表示为

$$\hat{\rho}_{\mathrm{nlc}}=\sin\xi\cos\xi(\mathrm{e}^{2\mathrm{i}\eta}|+,+\rangle\langle-,-|+\mathrm{e}^{-2\mathrm{i}\eta}|-,-\rangle\langle+,+|) \tag{2.6}$$

这里补充量子相干性的一些知识。在量子力学中，量子相干性是指两个或多个量子态之间的一种特殊关系，这些量子态可以通过量子叠加和量子纠缠等方式产生。量子相干性可以被视为两个或多个量子态之间的干涉现象。在经典物理中，两个波的叠加会产生干涉效应，例如光的干涉条纹。类似地，在量子力学中，两个量子态的叠加也会产生干涉效应，称为量子干涉。量子干涉不仅是一种基本的量子现象，而且在量子计算和量子通信中也起着至关重要的作用。一个简单的量子相干性实例是双重光栅实验。在双重光栅实验中，一束光以特定的角度通过第一个光栅，形成一个光斑，并且被分成两部分。这两部分光线分别通过第二个光栅，再次合并。在第二个光栅处，如果两部分光线的相位差为2π的整数倍，它们就会干涉产生光斑条纹。在经典物理中，研究人员可以很好地解释这种干涉现象，这个实验同样适用于量子力学领域。在量子力学中，可以使用单个光子和两个偏振器来实现双重光栅实验。当光子通过第一个偏振器时，它的极化状态会发生改变，然后再通过第二个偏振器。在第二个偏振器处，如果两个偏振器的相对角度满足一定条件，光子就会产生干涉效应。在这种情况下，光子的量子态被称为量子相干态，因为它是两个不同偏振态的叠加态。这种叠加态描述为一个复数系数的线性组合，其中每个系数代表一个不同的偏振态。总之，量子相干是量子力学中非常重要的概念，它涉及量子叠加和量子纠缠等量子现象，并在量子计算和量子通信中发挥着重要作用。

2.1.1 自旋测量结果关联概率

在量子力学中，自旋投影算符（spin projection operator）是描述自旋量子系统的性质和测量的数学工具。自旋是微观粒子（如电子、光子

等）固有的一种内禀角动量。自旋投影算符用于测量自旋在某个方向上的投影值，它的作用是将一个自旋态矢量投影到某个特定方向的自旋态空间中。设自旋态矢量为$|\psi\rangle$，自旋投影算符为$\hat{P}(\boldsymbol{\Omega})$，其中，$\boldsymbol{\Omega}$表示投影方向。自旋投影算符可以写为$\hat{P}(\boldsymbol{\Omega})=|\Omega\rangle\langle\Omega|$，其中，$|\Omega\rangle$表示自旋在$\boldsymbol{\Omega}$方向上的基矢量。当我们对自旋态矢量$|\psi\rangle$进行自旋投影测量时，测量结果可以是自旋在$\boldsymbol{\Omega}$方向上的投影值。如果测量结果为$m$，那么测量后的态矢量将坍缩为投影到$|m\rangle$的自旋态，即$\hat{P}(\boldsymbol{\Omega})|\psi\rangle=|m\rangle$。自旋投影算符满足以下几个重要性质。

其一，归一性：自旋投影算符的本征值为 0 或 1，即$\hat{P}(\boldsymbol{\Omega})|\Omega\rangle=|\Omega\rangle$。这说明自旋态在某个方向上的投影是归一化的。

其二，正交性：不同方向的自旋投影算符之间是正交的，即$\hat{P}(\boldsymbol{\Omega}_1)\hat{P}(\boldsymbol{\Omega}_2)=\delta(\boldsymbol{\Omega}_1-\boldsymbol{\Omega}_2)\hat{P}(\boldsymbol{\Omega}_1)$，其中$\delta(\boldsymbol{\Omega}_1-\boldsymbol{\Omega}_2)$是$\delta$符号，表示当$\boldsymbol{\Omega}_1=\boldsymbol{\Omega}_2$时为 1，否则为 0。

其三，完备性：自旋投影算符构成了自旋态空间上的完备算符集合，即它们的和可以构建出自旋态空间中的任意一个态矢量。

通过自旋投影算符，我们可以进行自旋态的测量和分析。测量自旋在不同方向上的投影值可以揭示自旋系统的性质，并与理论预测进行比较。自旋投影算符在量子力学中具有重要的应用价值，特别是在研究自旋相关的现象和量子信息处理中。当两个观测者假定分别沿着任意方向$\boldsymbol{a}$、$\boldsymbol{b}$测量两个粒子的自旋时，根据量子测量理论，每个粒子的自旋测量结果都是自旋投影算符$\hat{\sigma}\cdot\boldsymbol{a}$和$\hat{\sigma}\cdot\boldsymbol{b}$的本征值。本征方程表示为$\hat{\sigma}\cdot\boldsymbol{a}|\pm a\rangle=\pm|\pm a\rangle$和$\hat{\sigma}\cdot\boldsymbol{b}|\pm b\rangle=\pm|\pm b\rangle$，用符号“$\boldsymbol{r}$”表示任意方向($\boldsymbol{r}=\boldsymbol{a},\boldsymbol{b}$)，求解自旋投影算符的本征方程，可以得到两个正交本征态，它们分别为

$$
\begin{aligned}
|+r\rangle&=\cos\frac{\theta_r}{2}|+\rangle+\sin\frac{\theta_r}{2}e^{i\phi_r}|-\rangle\\
|-r\rangle&=\sin\frac{\theta_r}{2}|+\rangle-\cos\frac{\theta_r}{2}e^{i\phi_r}|-\rangle
\end{aligned}
\tag{2.7}
$$

式中，$\boldsymbol{r}=(\sin\theta_r\cos\phi_r,\sin\theta_r\sin\phi_r,\cos\theta_r)$，是由布洛赫球的坐标系中极化角$\theta_r$和方位角$\phi_r$参数化表示的单位矢量。$z$轴是最初自旋极化的方向。两个正交态$|\pm r\rangle$即南、北极规范下的自旋相干态[71]。布洛赫球(Bloch sphere)是一种用于描述单个量子比特态的几何图形。1946 年，

物理学家费利克斯·布洛赫引入了这个概念。布洛赫球是一个虚拟的三维球面，它的表面代表了所有可能的单量子比特态。每个量子比特态可以用一个复数表示，即一个带有实部和虚部的复数，通常称为量子态的波函数。布洛赫球上的点与量子比特态之间存在一一对应关系。具体来说，布洛赫球的极点代表量子比特的两个基态，通常被选择作为计算基的$|0\rangle$和$|1\rangle$。球面上的其他点表示叠加态（superposition states)，即量子比特同时处于$|0\rangle$ 和$|1\rangle$ 的叠加态。球面上的纬线代表相位差，而经线代表的是相对于基态的旋转角度。通过在布洛赫球上的旋转，可以模拟量子比特的演化和操作。例如，应用一个旋转门操作可以将量子比特从一个状态变换到另一个状态。这些旋转操作可以用球面上的旋转来表示。布洛赫球提供了一种直观的方式来可视化和操纵量子比特的态，如图 2.1 所示。

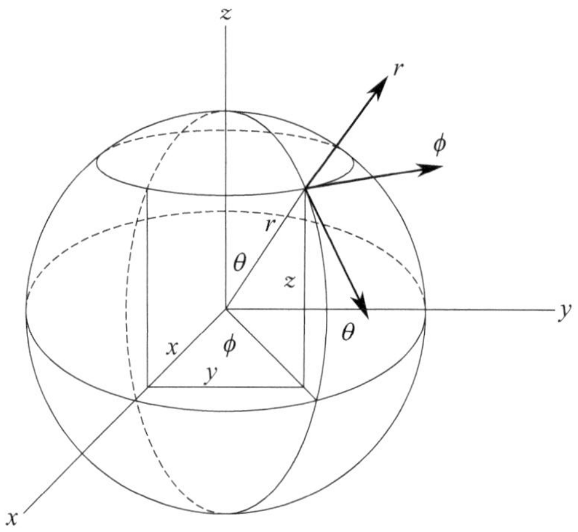

图 2.1　布洛赫球

两个观测者分别沿着 $\boldsymbol{a}$、$\boldsymbol{b}$ 两个方向测量粒子的自旋状态，此时，自旋投影算符 $\hat{\sigma}\cdot\boldsymbol{a}$ 和 $\hat{\sigma}\cdot\boldsymbol{b}$ 的本征态组成 4 个基矢，它们被标记为

$$\begin{cases} |1\rangle=|+\boldsymbol{a},+\boldsymbol{b}\rangle & |2\rangle=|+\boldsymbol{a},-\boldsymbol{b}\rangle \\ |3\rangle=|-\boldsymbol{a},+\boldsymbol{b}\rangle & |4\rangle=|-\boldsymbol{a},-\boldsymbol{b}\rangle \end{cases} \tag{2.8}$$

测量结果关联概率[71] 表示为

$$P(\boldsymbol{a},\boldsymbol{b})=Tr\,[\hat{\Omega}(\boldsymbol{a},\boldsymbol{b})\hat{\rho}]=\rho_{11}-\rho_{22}-\rho_{33}+\rho_{44} \tag{2.9}$$

其中，两个纠缠粒子的自旋关联算符表示为

$$\hat{\Omega}(\boldsymbol{a},\boldsymbol{b})=(\hat{\sigma}\cdot\boldsymbol{a})\otimes(\hat{\sigma}\cdot\boldsymbol{b}) \tag{2.10}$$

自旋关联算符是用于描述两个或多个粒子之间的自旋关联性的数学工具。它们由两个或多个自旋投影算符的张量积组成，表示了不同自旋分量之间的关联性。在量子力学中，当两个粒子处于纠缠态时，它们之间的自旋关联性将表现为非经典的关联关系，这种关联关系不能通过经典物理学解释。我们可以通过测量两个粒子之间的自旋关联性来确定自旋关联算符的期望值。例如，在两个自旋为 1/2 的粒子之间存在贝尔态时，它们之间的自旋关联算符的期望值将达到最大值，并且与经典物理学的预测不同。密度算符的矩阵元素表示为 $\rho_{ii}=\langle i|\hat{\rho}|i\rangle(i=1,2,3,4)$，这里的符号“$\otimes$”表示直积。测量结果关联概率可以分为局域和非局域两部分，即

$$P(\boldsymbol{a},\boldsymbol{b})=P_{\mathrm{lc}}(\boldsymbol{a},\boldsymbol{b})+P_{\mathrm{nlc}}(\boldsymbol{a},\boldsymbol{b}) \tag{2.11}$$

其中，局域和非局域部分分别表示为

$$P_{\mathrm{lc}}(\boldsymbol{a},\boldsymbol{b})=Tr\left[\hat{\Omega}(\boldsymbol{a},\boldsymbol{b})\hat{\rho}_{\mathrm{lc}}\right] \tag{2.12}$$

$$P_{\mathrm{nlc}}(\boldsymbol{a},\boldsymbol{b})=Tr\left[\hat{\Omega}(\boldsymbol{a},\boldsymbol{b})\hat{\rho}_{\mathrm{nlc}}\right] \tag{2.13}$$

根据测量结果独立的基矢［式(2.8)］，研究者得到了在局域实在论模型下的测量结果关联概率

$$P_{\mathrm{lc}}(\boldsymbol{a},\boldsymbol{b})=\rho_{11}^{\mathrm{lc}}-\rho_{22}^{\mathrm{lc}}-\rho_{33}^{\mathrm{lc}}+\rho_{44}^{\mathrm{lc}}=-\cos\theta_a\cos\theta_b \tag{2.14}$$

式(2.14) 的局域测量结果关联概率与纠缠态式(2.1) 中任意归一化系数的态参数 ξ 和 η 无关。我们可以借助式(2.14) 推导出贝尔不等式和 CHSH 不等式的成立。计算得到非局域部分的测量结果关联概率是

$$P_{\mathrm{nlc}}(\boldsymbol{a},\boldsymbol{b})=\sin(2\xi)\sin\theta_a\sin\theta_b\cos(\phi_a-\phi_b+2\eta) \tag{2.15}$$

它与纠缠态的态参数有关。

贝尔不等式的违反似乎是非局域部分的测量结果关联概率导致的直接结果。特别注意纠缠态是自旋单态时，有

$$|\psi_{\mathrm{s}}\rangle=\frac{1}{\sqrt{2}}(|+,-\rangle-|-,+\rangle) \tag{2.16}$$

其中，态参数为 $\xi=(3\pi/4)\ \mathrm{mod}\ 2\pi$ 和 $\eta=0\ \mathrm{mod}\ 2\pi$，总的测量结果关联概率 $P(\boldsymbol{a},\boldsymbol{b})$ 成为两个单位矢量的标量积

$$P(\boldsymbol{a},\boldsymbol{b})=-\boldsymbol{a}\cdot\boldsymbol{b} \tag{2.17}$$

借助此式可以推导出贝尔不等式的违反。我们也可以借助式（2.17）推导得到 CHSH 不等式的最大违反界限值

$$P_{\mathrm{CHSH}}^{\max}=|P(\boldsymbol{a},\boldsymbol{b})+P(\boldsymbol{a},\boldsymbol{c})+P(\boldsymbol{d},\boldsymbol{b})-P(\boldsymbol{d},\boldsymbol{c})|=2\sqrt{2} \tag{2.18}$$

2.1.2 粒子数关联概率

在 Wigner 不等式形式中需要考虑到粒子数关联概率而非自旋测量结果关联概率。粒子数关联概率定义为

$$N(+\boldsymbol{a},+\boldsymbol{b})=|\langle+\boldsymbol{a},+\boldsymbol{b}|\psi\rangle|^2=\langle+\boldsymbol{a},+\boldsymbol{b}|\hat{\rho}|+\boldsymbol{a},+\boldsymbol{b}\rangle=\rho_{11} \tag{2.19}$$

它描述的是两个观测者分别沿着 $\boldsymbol{a}$、$\boldsymbol{b}$ 两个方向测量各自的粒子自旋且同时测得自旋向上的粒子数关联概率。在量子概率统计下，依据局域实在论模型下的粒子数关联概率 $N_{\mathrm{lc}}(+\boldsymbol{a},\ +\boldsymbol{b})=\rho_{11}^{\mathrm{lc}}$ 可以表述 Wigner 不等式。同样地，我们可以写出其他的粒子数关联概率，分别表示为

$$\begin{cases}N(+\boldsymbol{a},-\boldsymbol{b})=|\langle+\boldsymbol{a},-\boldsymbol{b}|\psi\rangle|^2=\langle+\boldsymbol{a},-\boldsymbol{b}|\hat{\rho}|+\boldsymbol{a},-\boldsymbol{b}\rangle=\rho_{22}\\N(-\boldsymbol{a},+\boldsymbol{b})=|\langle-\boldsymbol{a},+\boldsymbol{b}|\psi\rangle|^2=\langle-\boldsymbol{a},+\boldsymbol{b}|\hat{\rho}|-\boldsymbol{a},+\boldsymbol{b}\rangle=\rho_{33}\\N(-\boldsymbol{a},-\boldsymbol{b})=|\langle-\boldsymbol{a},-\boldsymbol{b}|\psi\rangle|^2=\langle-\boldsymbol{a},-\boldsymbol{b}|\hat{\rho}|-\boldsymbol{a},-\boldsymbol{b}\rangle=\rho_{44}\end{cases} \tag{2.20}$$

自旋测量结果关联概率 $P(\boldsymbol{a},\ \boldsymbol{b})$ 与 4 个粒子数关联概率有关系，它们之间的关系可以通过下列公式表示

$$P(\boldsymbol{a},\boldsymbol{b})=N(+\boldsymbol{a},+\boldsymbol{b})-N(+\boldsymbol{a},-\boldsymbol{b})-N(-\boldsymbol{a},+\boldsymbol{b})+N(-\boldsymbol{a},-\boldsymbol{b}) \tag{2.21}$$

该表达式表明了自旋测量结果关联概率等于两粒子自旋测量结果的积乘以粒子数关联概率的 4 种情况之和。

2.2 经典概率统计下的 Wigner 不等式及其修正形式的证明

现在我们探讨 Wigner 不等式在不同纠缠态下的适用性，并考虑其在经典概率统计中的证明过程。一个核心问题是，当纠缠态的形式发生变化时，Wigner 不等式是否依然有效。如果原不等式不再适用，那么我们需要思考如何对其进行调整或变形，以适应不同形式的纠缠态。换言之，是否存在一种可能，每种形式的纠缠态都有其对应的 Wigner 不等式版本以确保其适用性。针对这些疑问，我们将阐述原始 Wigner 不等式的推导过

程，并探讨如何构造修正的 Wigner 不等式，以便于适应不同形式的纠缠态。原始 Wigner 不等式的表达式是

$$N_{\mathrm{lc}}(+\boldsymbol{a},+\boldsymbol{b})\leqslant N_{\mathrm{lc}}(+\boldsymbol{a},+\boldsymbol{c})+N_{\mathrm{lc}}(+\boldsymbol{c},+\boldsymbol{b}) \tag{2.22}$$

当纠缠态是自旋单态或是任意系数的两粒子反平行自旋极化纠缠态时，该表达式成立。式(2.22) 表明了两个相距较远的观测者分别沿着 $\boldsymbol{a}$、$\boldsymbol{b}$、$\boldsymbol{c}$ 三个方向探测两个纠缠粒子的自旋状态，其中，$N_{\mathrm{lc}}(+\boldsymbol{a},+\boldsymbol{b})$ 表示观测者沿着 $\boldsymbol{a}$ 方向测量第一个粒子的结果为自旋向上以及观测者沿着 $\boldsymbol{b}$ 方向测量第二个粒子的结果也为自旋向上的粒子数关联概率。然而，从经典概率统计和对称的角度出发，我们发现 Wigner 不等式也可以表示两粒子都自旋向下的粒子数关联概率。下面，我们从经典概率的角度证明表示两粒子都是自旋向上和都是自旋向下的 Wigner 不等式的可行性。

分别沿着 $\boldsymbol{a}$、$\boldsymbol{b}$、$\boldsymbol{c}$ 三个方向测量两个纠缠粒子的自旋状态。实际上，每一个粒子都存在两种自旋状态，也就是两种测量结果，用符号表示为“+”和“−”。“+”和“−”分别表示测量结果为自旋向上和自旋向下。根据有关文献[37]，我们列出了如表 2.1 所示的 8 种相互独立和排斥的粒子数概率。这 8 种情况的粒子数概率都是随机的、不确定的机率分布。

表 2.1　自旋反关联测量

粒子数概率标记	粒子 1	粒子 2
N_1	$(+\boldsymbol{a},+\boldsymbol{b},+\boldsymbol{c})$	$(-\boldsymbol{a},-\boldsymbol{b},-\boldsymbol{c})$
N_2	$(+\boldsymbol{a},+\boldsymbol{b},-\boldsymbol{c})$	$(-\boldsymbol{a},-\boldsymbol{b},+\boldsymbol{c})$
N_3	$(+\boldsymbol{a},-\boldsymbol{b},+\boldsymbol{c})$	$(-\boldsymbol{a},+\boldsymbol{b},-\boldsymbol{c})$
N_4	$(+\boldsymbol{a},-\boldsymbol{b},-\boldsymbol{c})$	$(-\boldsymbol{a},+\boldsymbol{b},+\boldsymbol{c})$
N_5	$(-\boldsymbol{a},+\boldsymbol{b},+\boldsymbol{c})$	$(+\boldsymbol{a},-\boldsymbol{b},-\boldsymbol{c})$
N_6	$(-\boldsymbol{a},+\boldsymbol{b},-\boldsymbol{c})$	$(+\boldsymbol{a},-\boldsymbol{b},+\boldsymbol{c})$
N_7	$(-\boldsymbol{a},-\boldsymbol{b},+\boldsymbol{c})$	$(+\boldsymbol{a},+\boldsymbol{b},-\boldsymbol{c})$
N_8	$(-\boldsymbol{a},-\boldsymbol{b},-\boldsymbol{c})$	$(+\boldsymbol{a},+\boldsymbol{b},+\boldsymbol{c})$

若 Alice 沿着 $\boldsymbol{a}$ 方向测得第一个粒子自旋向上，同时 Bob 沿着 $\boldsymbol{b}$ 方向也测得第二个粒子自旋向上，那么由此表示出粒子数关联概率为

$$N_{\mathrm{lc}}(+\boldsymbol{a},+\boldsymbol{b})=(N_3+N_4)/\sum_{i=1}^{8}N_i \tag{2.23}$$

若 Alice 沿着 $\boldsymbol{a}$ 方向测得第一个粒子自旋向上，同时 Bob 沿着 $\boldsymbol{c}$ 方向

也测得第二个粒子自旋向上，那么由此表示出粒子数关联概率为

$$N_{\mathrm{lc}}(+\boldsymbol{a},+\boldsymbol{c})=(N_2+N_4)/\sum_{i=1}^{8}N_i \tag{2.24}$$

若 Alice 沿着 $\boldsymbol{c}$ 方向测得第一个粒子自旋向上，同时 Bob 沿着 $\boldsymbol{b}$ 方向也测得第二个粒子自旋向上，那么可以写出粒子数关联概率为

$$N_{\mathrm{lc}}(+\boldsymbol{c},+\boldsymbol{b})=(N_3+N_7)/\sum_{i=1}^{8}N_i \tag{2.25}$$

注意到存在关系式 $N_3+N_4\leqslant(N_2+N_4)+(N_3+N_7)$，因为粒子数概率 N_i 是非负数的数值，所以该关系式一定成立。值得注意的是，两个粒子在不同方向同时观测到自旋状态才可以表示出粒子数关联概率，如果一方观测不到，那么观测结果无效。由上述存在的关系式推导出 Wigner 不等式，即表示为式（2.22）。

假如将上述 Wigner 不等式中两粒子的自旋测量结果都改为自旋向下，那么可以得到粒子数关联概率分别为

$$\begin{cases} N_{\mathrm{lc}}(-\boldsymbol{a},-\boldsymbol{b})=(N_5+N_6)/\sum_{i=1}^{8}N_i \\ N_{\mathrm{lc}}(-\boldsymbol{a},-\boldsymbol{c})=(N_5+N_7)/\sum_{i=1}^{8}N_i \\ N_{\mathrm{lc}}(-\boldsymbol{c},-\boldsymbol{b})=(N_2+N_6)/\sum_{i=1}^{8}N_i \end{cases} \tag{2.26}$$

一定存在关系式为 $N_3+N_4\leqslant(N_2+N_4)+(N_3+N_7)$，从而得到 Wigner 不等式的另一种形式

$$N_{\mathrm{lc}}(-\boldsymbol{a},-\boldsymbol{b})\leqslant N_{\mathrm{lc}}(-\boldsymbol{a},-\boldsymbol{c})+N_{\mathrm{lc}}(-\boldsymbol{c},-\boldsymbol{b}) \tag{2.27}$$

那么，我们结合式（2.22）和式（2.27）的表示形式得到 Wigner 不等式

$$N_{\mathrm{lc}}(\pm\boldsymbol{a},\pm\boldsymbol{b})\leqslant N_{\mathrm{lc}}(\pm\boldsymbol{a},\pm\boldsymbol{c})+N_{\mathrm{lc}}(\pm\boldsymbol{c},\pm\boldsymbol{b}) \tag{2.28}$$

它适用于任意系数的两粒子反平行自旋极化纠缠态式(2.1)。利用一种广为人知的数学不等式关系，Wigner 不等式得到了一个圆满且清晰的解释。

考虑到 Wigner 不等式式(2.28）仅适用于反平行自旋极化纠缠态而不适用于平行自旋极化纠缠态，我们从经典概率统计的角度对 Wigner 不等式进行了修正，得到了修正的 Wigner 不等式，使其适用于平行自旋极化纠缠态。可以仿照表 2.1 列出适用于平行自旋极化纠缠态的测量自旋关

联的表格。与测量反平行自旋极化纠缠态列出的表格不一样的是，在平行情况中，观测者观测粒子 1 的自旋状态，在给定的任意方向测得自旋向上（或向下），那么观测者观测粒子 2 在该方向也是自旋向上（或向下）。表 2.2 所示为 8 种相互独立且互不影响的粒子数概率。

表 2.2 自旋关联测量

粒子数概率标记	粒子 1	粒子 2
N_1	$(+\boldsymbol{a},+\boldsymbol{b},+\boldsymbol{c})$	$(+\boldsymbol{a},+\boldsymbol{b},+\boldsymbol{c})$
N_2	$(+\boldsymbol{a},+\boldsymbol{b},-\boldsymbol{c})$	$(+\boldsymbol{a},+\boldsymbol{b},-\boldsymbol{c})$
N_3	$(+\boldsymbol{a},-\boldsymbol{b},+\boldsymbol{c})$	$(+\boldsymbol{a},-\boldsymbol{b},+\boldsymbol{c})$
N_4	$(+\boldsymbol{a},-\boldsymbol{b},-\boldsymbol{c})$	$(+\boldsymbol{a},-\boldsymbol{b},-\boldsymbol{c})$
N_5	$(-\boldsymbol{a},+\boldsymbol{b},+\boldsymbol{c})$	$(-\boldsymbol{a},+\boldsymbol{b},+\boldsymbol{c})$
N_6	$(-\boldsymbol{a},+\boldsymbol{b},-\boldsymbol{c})$	$(-\boldsymbol{a},+\boldsymbol{b},-\boldsymbol{c})$
N_7	$(-\boldsymbol{a},-\boldsymbol{b},+\boldsymbol{c})$	$(-\boldsymbol{a},-\boldsymbol{b},+\boldsymbol{c})$
N_8	$(-\boldsymbol{a},-\boldsymbol{b},-\boldsymbol{c})$	$(-\boldsymbol{a},-\boldsymbol{b},-\boldsymbol{c})$

两名观测者开始观测两个纠缠粒子的自旋状态。假设 Alice 沿着 $\boldsymbol{a}$ 方向观测第一个粒子的自旋结果为“+”，同时 Bob 沿着 $\boldsymbol{b}$ 方向观测第二个粒子的自旋结果为“−”，此时粒子数关联概率表示为

$$N_{\mathrm{lc}}(+\boldsymbol{a},-\boldsymbol{b})=(N_3+N_4)/\sum_{i=1}^{8}N_i \tag{2.29}$$

假设 Alice 沿着 $\boldsymbol{a}$ 方向观测第一个粒子的自旋结果为“+”，同时 Bob 沿着 $\boldsymbol{c}$ 方向观测第二个粒子的自旋结果为“−”，此时粒子数关联概率表示为

$$N_{\mathrm{lc}}(+\boldsymbol{a},-\boldsymbol{c})=(N_2+N_4)/\sum_{i=1}^{8}N_i \tag{2.30}$$

假设 Alice 沿着 $\boldsymbol{c}$ 方向观测第一个粒子的自旋结果为“+”，同时 Bob 沿着 $\boldsymbol{b}$ 方向观测第二个粒子的自旋结果为“−”，此时粒子数关联概率表示为

$$N_{\mathrm{lc}}(+\boldsymbol{c},-\boldsymbol{b})=(N_3+N_7)/\sum_{i=1}^{8}N_i \tag{2.31}$$

由于 $N_i\geqslant 0$，一定存在关系式 $N_3+N_4\leqslant(N_2+N_4)+(N_3+N_7)$。因而修正的 Wigner 不等式表示为

$$N_{\mathrm{lc}}(+\boldsymbol{a},-\boldsymbol{b})\leqslant N_{\mathrm{lc}}(+\boldsymbol{a},-\boldsymbol{c})+N_{\mathrm{lc}}(+\boldsymbol{c},-\boldsymbol{b}) \tag{2.32}$$

假设两名观测者在测量自旋状态时改变了两个纠缠粒子的“+”和“−”方向，能够得到粒子数关联概率为

$$\begin{cases} N_{\mathrm{lc}}(-\boldsymbol{a},+\boldsymbol{b})=(N_5+N_6)/\sum\limits_{i=1}^{8}N_i \\ N_{\mathrm{lc}}(-\boldsymbol{a},+\boldsymbol{c})=(N_5+N_7)/\sum\limits_{i=1}^{8}N_i \\ N_{\mathrm{lc}}(-\boldsymbol{c},+\boldsymbol{b})=(N_2+N_6)/\sum\limits_{i=1}^{8}N_i \end{cases} \tag{2.33}$$

因为存在关系式 $N_5+N_6\leqslant(N_5+N_7)+(N_2+N_6)$，所以不等式表示为

$$N_{\mathrm{lc}}(-\boldsymbol{a},+\boldsymbol{b})\leqslant N_{\mathrm{lc}}(-\boldsymbol{a},+\boldsymbol{c})+N_{\mathrm{lc}}(-\boldsymbol{c},+\boldsymbol{b}) \tag{2.34}$$

结合上述两种不等式式（2.32）和式（2.34）得到修正 Wigner 不等式的具体表达式为

$$N_{\mathrm{lc}}(\pm\boldsymbol{a},m\boldsymbol{b})\leqslant N_{\mathrm{lc}}(\pm\boldsymbol{a},m\boldsymbol{c})+N_{\mathrm{lc}}(\pm\boldsymbol{c},m\boldsymbol{b}) \tag{2.35}$$

该修正 Wigner 不等式适用于平行自旋极化纠缠态。无论是 Wigner 不等式还是修正 Wigner 不等式在形式上都体现出物理学中的对称美。

2.3 适用于反平行自旋极化纠缠态的 Wigner 不等式违反上限

采用 2.1 节涉及的粒子数关联概率，研究者可以从量子力学的角度证明 Wigner 不等式式（2.28）及其违反情况，准确推导出最大违反界限值。沿着 $\boldsymbol{a}$、$\boldsymbol{b}$ 方向测量的粒子数关联概率可以划分为局域和非局域两部分，表示为

$$N(\pm\boldsymbol{a},\pm\boldsymbol{b})=N_{\mathrm{lc}}(\pm\boldsymbol{a},\pm\boldsymbol{b})+N_{\mathrm{nlc}}(\pm\boldsymbol{a},\pm\boldsymbol{b}) \tag{2.36}$$

根据式（2.19）和式（2.20），局域的粒子数关联概率表示为

$$\begin{aligned} N_{\mathrm{lc}}(+\boldsymbol{a},+\boldsymbol{b})&=\sin^2\xi\cos^2\frac{\theta_a}{2}\sin^2\frac{\theta_b}{2}+\cos^2\xi\sin^2\frac{\theta_a}{2}\cos^2\frac{\theta_b}{2} \\ N_{\mathrm{lc}}(-\boldsymbol{a},-\boldsymbol{b})&=\sin^2\xi\sin^2\frac{\theta_a}{2}\cos^2\frac{\theta_b}{2}+\cos^2\xi\cos^2\frac{\theta_a}{2}\sin^2\frac{\theta_b}{2} \end{aligned} \tag{2.37}$$

其结果取决于态参数 ξ 的取值。根据式（2.37）我们得到自旋都向上和自旋都向下的粒子数关联概率有不同的表示形式。然而，接下来的研究将显示一个有趣的事实：无论是测量自旋向上还是自旋向下，Wigner 不等式的成立与纠缠态的态参数 ξ 不存在任何关系。为了得到违反 Wigner 不等式的界限值，我们定义了用符号 W 表示 Wigner 关联概率。沿着三个任意方向测量粒子的自旋状态，此时用 W_{lc} 表示局域 Wigner 关联概率有

$$W_{\text{lc}}=N_{\text{lc}}(\pm\boldsymbol{a},\pm\boldsymbol{b})-N_{\text{lc}}(\pm\boldsymbol{a},\pm\boldsymbol{c})-N_{\text{lc}}(\pm\boldsymbol{c},\pm\boldsymbol{b}) \tag{2.38}$$

Wigner 不等式的成立等价于

$$W_{\text{lc}}\leqslant 0 \tag{2.39}$$

将式（2.37）代入式（2.38）后，无论两粒子测量结果都为自旋向上或都为自旋向下，最终得到 W_{lc} 的结果一样，写为

$$W_{\text{lc}}=-\left(\cos^2\frac{\theta_a}{2}-\cos^2\frac{\theta_c}{2}\right)\cos^2\frac{\theta_b}{2}-\cos^2\frac{\theta_c}{2}\sin^2\frac{\theta_a}{2} \tag{2.40}$$

根据式（2.40）我们可以证明局域 Wigner 关联概率总是小于或等于零的，该不等式表述为

$$W_{\text{lc}}\leqslant-\sin^2\frac{\theta_c}{2}\cos^2\frac{\theta_a}{2}\leqslant 0 \tag{2.41}$$

这说明了只考虑局域部分时，无论是哪种形式的纠缠态都存在“Wigner 不等式成立”这一结论。非局域部分的粒子数关联概率是 $N_{\text{nlc}}(+\boldsymbol{a},+\boldsymbol{b})=\rho_{11}^{\text{nlc}}$，$N_{\text{nlc}}(-\boldsymbol{a},-\boldsymbol{b})=\rho_{44}^{\text{nlc}}$。由于 $\rho_{11}^{\text{nlc}}=\rho_{44}^{\text{nlc}}$，写出表达式为

$$N_{\text{nlc}}(\pm\boldsymbol{a},\pm\boldsymbol{b})=\frac{1}{4}\sin(2\xi)\sin\theta_a\sin\theta_b\cos(\phi_a-\phi_b+2\eta) \tag{2.42}$$

非局域粒子数关联概率的大小取决于测量的极化角、方位角、纠缠态的态参数 ξ 和 η。

考虑局域项和非局域项后，总的 Wigner 关联概率是

$$W=N(\pm\boldsymbol{a},\pm\boldsymbol{b})-N(\pm\boldsymbol{a},\pm\boldsymbol{c})-N(\pm\boldsymbol{c},\pm\boldsymbol{b})=W_{\text{lc}}+W_{\text{nlc}} \tag{2.43}$$

“总的 Wigner 关联概率大于零”意味着 Wigner 不等式被违反。因为极化角 θ 被限制在 0 到 π 的取值范围内，因此非局域 Wigner 关联概率遵循以下不等式

$$W_{\text{nlc}}\leqslant\frac{1}{4}(\sin\theta_a\sin\theta_b+\sin\theta_a\sin\theta_c+\sin\theta_c\sin\theta_b) \tag{2.44}$$

另一方面，局域 Wigner 关联概率式（2.40）可以重新写为

$$W_{\mathrm{lc}}=\frac{1}{4}(-1-\cos\theta_a\cos\theta_b+\cos\theta_c\cos\theta_b+\cos\theta_a\cos\theta_c) \tag{2.45}$$

结合局域与非局域部分，总的 Wigner 关联概率为

$$W \leqslant F(\theta_a,\theta_b,\theta_c) \tag{2.46}$$

其中

$$F(\theta_a,\theta_b,\theta_c)=\frac{1}{4}[-1-\cos(\theta_a+\theta_b)+\cos(\theta_c-\theta_b)+\cos(\theta_a-\theta_c)] \tag{2.47}$$

由于函数 $F(\theta_a, \theta_b, \theta_c)$ 可以大于 0，一定违反了 Wigner 不等式。我们推导式（2.47）得到以下不等式关系，有

$$F(\theta_a,\theta_b,\theta_c) \leqslant \frac{1}{2} \tag{2.48}$$

这说明了研究者可以推导出最大违反界限 $W_{\max}=1/2$，对于任意系数的两粒子纠缠态式（2.1）而言，沿着任意的三个方向测量得到的 Wigner 不等式都存在这个普遍适用的界限值。如果纠缠态系数中的两个实参数取值为 $\xi=(\pi/4) \bmod 2\pi$ 和 $\eta=0 \bmod 2\pi$，那么两粒子的自旋纠缠态就会变成自旋磁量子数 $m=0$ 的自旋三重态，为

$$|\psi_{\mathrm{t}}\rangle=\frac{1}{\sqrt{2}}(|+,-\rangle+|-,+\rangle) \tag{2.49}$$

与自旋三重态对应的非局域 Wigner 关联概率表示为

$$W_{\mathrm{nlc}}=\frac{1}{4}[\sin\theta_a\sin\theta_b\cos(\phi_a-\phi_b)-\sin\theta_a\sin\theta_c\cos(\phi_a-\phi_c)-\sin\theta_c\sin\theta_b\cos(\phi_c-\phi_b)] \tag{2.50}$$

我们给定极化角和方位角的取值分别是 $\theta_a=\theta_b=\theta_c=\pi/2$ 和 $\phi_a=\phi_b=\pi$，$\phi_c=0$，这就意味着 $\boldsymbol{a}$、$\boldsymbol{b}$、$\boldsymbol{c}$ 三个测量方向分别垂直于最初自旋极化的方向，且测量方向 $\boldsymbol{a}$ 和 $\boldsymbol{b}$ 都是沿着 x 轴的负方向，测量方向 $\boldsymbol{c}$ 沿着 x 轴正方向。在这种情况下，Wigner 关联概率能够达到最大违反界限，$W_{\max}=1/2$。

2.4 修正 Wigner 不等式

从量子概率统计的角度分析，我们用粒子数关联概率的表达式也可以得出适用于任意系数的两粒子平行自旋极化纠缠态的修正 Wigner 不等式

的最大违反界限。修正 Wigner 不等式每一项的表示形式，也就是粒子数关联概率。它可以分为局域和非局域两部分，表示为

$$N^{\mathrm{pl}}(\pm\boldsymbol{a},m\boldsymbol{b})=N_{\mathrm{lc}}^{\mathrm{pl}}(\pm\boldsymbol{a},\mp\boldsymbol{b})+N_{\mathrm{nlc}}^{\mathrm{pl}}(\pm\boldsymbol{a},\mp\boldsymbol{b}) \tag{2.51}$$

Alice 沿着方向 $\boldsymbol{a}$ 探测第一个粒子的自旋状态为自旋向上，且同时 Bob 沿着方向 $\boldsymbol{b}$ 探测第二个粒子的自旋状态为自旋向下的局域部分的粒子数关联概率表示为

$$N_{\mathrm{lc}}^{\mathrm{pl}}(+\boldsymbol{a},-\boldsymbol{b})=(\rho_{\mathrm{lc}}^{\mathrm{pl}})_{22}=N_{\mathrm{lc}}(+\boldsymbol{a},+\boldsymbol{b}) \tag{2.52}$$

Alice 沿着方向 $\boldsymbol{a}$ 探测第一个粒子的自旋状态为自旋向下，且同时 Bob 沿着方向 $\boldsymbol{b}$ 探测第二个粒子的自旋状态为自旋向上的局域部分粒子数关联概率表示为

$$N_{\mathrm{lc}}^{\mathrm{pl}}(-\boldsymbol{a},+\boldsymbol{b})=(\rho_{\mathrm{lc}}^{\mathrm{pl}})_{33}=N_{\mathrm{lc}}(-\boldsymbol{a},-\boldsymbol{b}) \tag{2.53}$$

式(2.52) 和式(2.53) 分别与反平行自旋极化纠缠态下的式(2.37) 结果相同，则局域部分 Wigner 关联概率表达式 W_{lc} 也与反平行情况的结果相同。它表示为

$$W_{\mathrm{lc}}=N_{\mathrm{lc}}^{\mathrm{pl}}(\pm\boldsymbol{a},\mp\boldsymbol{b})-N_{\mathrm{lc}}^{\mathrm{pl}}(\pm\boldsymbol{a},\mp\boldsymbol{c})-N_{\mathrm{lc}}^{\mathrm{pl}}(\pm\boldsymbol{c},\mp\boldsymbol{b})\leqslant 0 \tag{2.54}$$

非局域粒子数关联概率等同于平行自旋极化纠缠态的密度算符矩阵元素的非局域部分，它表示为

$$N_{\mathrm{nlc}}^{\mathrm{pl}}(+\boldsymbol{a},-\boldsymbol{b})=(\rho_{\mathrm{nlc}}^{\mathrm{pl}})_{22}\qquad N_{\mathrm{nlc}}^{\mathrm{pl}}(-\boldsymbol{a},+\boldsymbol{b})=(\rho_{\mathrm{nlc}}^{\mathrm{pl}})_{33} \tag{2.55}$$

通过计算发现，沿着方向 $\boldsymbol{a}$ 和 $\boldsymbol{b}$ 分别探测粒子自旋向下和自旋向上仍然存在相同的结果，它表示为

$$N_{\mathrm{nlc}}^{\mathrm{pl}}(\pm\boldsymbol{a},\mp\boldsymbol{b})=-\frac{1}{4}\sin(2\xi)\sin\theta_a\sin\theta_b\cos(\phi_a+\phi_b+2\eta) \tag{2.56}$$

那么，非局域 Wigner 关联概率表示为

$$W_{\mathrm{nlc}}^{\mathrm{pl}}=-\frac{1}{4}\sin(2\xi)\left[\sin\theta_a\sin\theta_b\cos(\phi_a+\phi_b+2\eta)-\right.$$
$$\left.\sin\theta_a\sin\theta_c\cos(\phi_a+\phi_c+2\eta)-\sin\theta_c\sin\theta_b\cos(\phi_c+\phi_b+2\eta)\right] \tag{2.57}$$

与反平行情况的分析过程相同，最大违反界限值是 $W_{\max}=1/2$。因此可以得出结论：对于任意系数的两粒子反平行和平行自旋极化纠缠态而言，普遍存在着 Wigner 不等式及其违反。

纠缠态的密度算符的非局域部分导致了 Wigner 不等式的违反。例如，我们考虑一种特殊的纠缠态，其形式为

$$|\psi_{\mathrm{pl}}\rangle=\frac{1}{\sqrt{2}}(|+,+\rangle+|-,-\rangle) \tag{2.58}$$

该纠缠态的态参数为 $\xi=\pi/4 \bmod 2\pi$ 和 $\eta=0 \bmod 2\pi$。非局域 Wigner 关联概率式（2.57）化简为

$$W_{\mathrm{nlc}}^{\mathrm{pl}}=-\frac{1}{4}[\sin\theta_a\sin\theta_b\cos(\phi_a+\phi_b)- \sin\theta_a\sin\theta_c\cos(\phi_a+\phi_c)-\sin\theta_c\sin\theta_b\cos(\phi_c+\phi_b)] \tag{2.59}$$

研究者设置极化角 $\theta_a=\theta_b=\theta_c=\pi/2$ 和方位角 $\phi_a=\phi_b=\pi/2$，$\phi_c=3\pi/2$ 之后，此时 Wigner 不等式的最大违反界限是 $W_{\max}=1/2$。在这样特殊的纠缠态下，观测者可以设置测量方向：最初自旋极化的方向是沿着 z 轴，$\boldsymbol{a}$、$\boldsymbol{b}$、$\boldsymbol{c}$ 三个测量方向均与 z 轴垂直，且 $\boldsymbol{a}$、$\boldsymbol{b}$ 方向指向 y 轴的正方向，$\boldsymbol{c}$ 方向指向 y 轴的负方向，那么我们可以得到修正 Wigner 不等式的最大违反界限值 1/2。

在探讨 Wigner 不等式时，不可避免地会接触到局域性和非局域性这两个描述物理系统特性的关键概念。局域性原理主张，在物理系统中，不同区域间的相互作用或信息传递是受到一定限制的。这意味着，当两个物理系统在空间上相隔足够远的距离时，它们之间的相互作用可以被视为可忽略不计，每个物理系统的状态都可以被独立地描述。与局域性相对的是非局域性，它描述的是在某些特定情境下，物理系统中不同区域之间存在着强烈的相互依赖或纠缠关系，即便这些区域在空间上相隔甚远。这种非局域性意味着对一个子系统的测量结果可能会立即对与之纠缠的另一个子系统产生影响，而且这种影响是超光速的。这种特性违反了经典物理学中关于因果关系和信息传播速度的基本限制。

2.5 双光子偏振纠缠态

双光子偏振纠缠态是量子力学中一个重要的概念，它描述了两个光子之间的纠缠关系。光是一种电磁波，它的振动方向可以在空间中的任意方向上发生变化。光的偏振状态描述了光的振动方向。常见的偏振状态包括水平偏振、垂直偏振、对角线偏振等。在量子力学中，将光的偏振状态看作量子态，它可以表示为数学上的态矢量。在双光子系统中，如果两个光子的偏振状态彼此之间是纠缠的状态，称之为双光子偏振纠缠态。这意味着两个光子之间存在着一种非经典的关联关系，其中一个光子的偏振状态

的测量结果与另一个光子的偏振态有关。最著名的双光子偏振纠缠态是贝尔态。贝尔态是 4 个特定的偏振态的叠加态，具有特殊的纠缠关系。常见的贝尔态表示为

$$|\Phi^{+}\rangle=(1/\sqrt{2})(|H\rangle\otimes|H\rangle+|V\rangle\otimes|V\rangle)$$

$$|\Phi^{-}\rangle=(1/\sqrt{2})(|H\rangle\otimes|H\rangle-|V\rangle\otimes|V\rangle)$$

$$|\Psi^{+}\rangle=(1/\sqrt{2})(|H\rangle\otimes|V\rangle+|V\rangle\otimes|H\rangle)$$

$$|\Psi^{-}\rangle=(1/\sqrt{2})(|H\rangle\otimes|V\rangle-|V\rangle\otimes|H\rangle)$$

其中，$|H\rangle$ 和 $|V\rangle$ 分别表示水平偏振态和垂直偏振态。双光子偏振纠缠态具有一些特殊的性质：即使两个光子之间存在很大的空间隔离，对其中一个光子的偏振状态进行测量，也会立刻对另一个光子的偏振状态产生影响。两个光子之间的纠缠是非局域的，这与经典物理的局域性原理不同。双光子偏振纠缠态是量子力学中的一种特殊状态，具有重要的量子通信和量子计算应用。

以下是双光子偏振纠缠态实验研究的几个典型实例。

① Aspect 实验　这是一项于 1982 年进行的具有里程碑意义的实验，它利用双光子偏振纠缠态验证了爱因斯坦-波多尔斯基-罗森所提出的“幽灵般的超距作用”并不成立。

② 量子密钥分发实验　此类实验基于双光子偏振纠缠态，旨在实现安全的量子密钥分发。通过共享纠缠态，两个远程用户能够建立起加密通信，确保信息传输的安全性。多项实验已成功验证了这一技术的可行性。

③ 贝尔不等式验证实验　贝尔不等式是量子力学中的一个核心概念，用于检验局域隐变量是否存在于物理系统中。实验结果显示，双光子偏振纠缠态使得贝尔不等式被违反，从而证明了量子系统具有非局域性，这与经典物理学的预测大相径庭。

④ 量子远程态传输实验　这是一项利用双光子偏振纠缠态来实现量子通信技术的实验。通过共享纠缠态，量子信息可以从一个地方传输到另一个地方。目前已有多个实验成功演示了这一技术的可行性。

⑤ 量子计算实验　量子计算是一种利用量子比特进行信息处理的新型计算方式，而双光子偏振纠缠态是实现量子计算的关键资源之一。实验表明，基于双光子偏振纠缠态的量子计算已经能够实现一些基本操作，如量子行走和量子因子分解等。

这些实验研究不仅为双光子偏振纠缠态的理论提供了有力支持，还推动了量子通信和量子计算等领域的蓬勃发展。

我们在前几节考虑了两粒子自旋纠缠态，而在实验中多数采用了双光子偏振纠缠态来验证贝尔类型不等式的违反[76]。因而，可以思考这样一个问题：Wigner 不等式和修正 Wigner 不等式是否也分别适用于相互垂直和相互平行的两种偏振纠缠态呢？下面将分别讨论不等式对这两种偏振纠缠态的适用情况。

2.5.1 相互垂直偏振的纠缠光子对

在本小节的研究框架中，我们分别用$|e_x\rangle$和$|e_y\rangle$来表示一个单光子的两个相互垂直偏振态。假设偏振平面垂直于 z 轴。一个相互垂直偏振的纠缠光子对可以表示为

$$|\psi\rangle=c_1|e_x,e_y\rangle+c_2|e_y,e_x\rangle \tag{2.60}$$

式中，c_1 和 c_2 是参数化的正交归一化系数，并且有 $c_1=\mathrm{e}^{\mathrm{i}\eta}\sin\xi$，$c_2=\mathrm{e}^{-\mathrm{i}\eta}\cos\xi$。它与两粒子反平行自旋极化纠缠态的不同之处是：自旋纠缠态$|+\rangle$和$|-\rangle$分别替换成了光子偏振纠缠态$|e_x\rangle$和$|e_y\rangle$。我们可以表示出密度算符的局域和非局域部分。观测者沿着 $\boldsymbol{a}$、$\boldsymbol{b}$、$\boldsymbol{c}$ 三个任意方向测量纠缠光子对的偏振状态，这个偏振平面垂直于 z 轴，用一个单位矢量 $\boldsymbol{r}=(\cos\phi_r,\sin\phi_r,0)(\boldsymbol{r}=\boldsymbol{a},\boldsymbol{b},\boldsymbol{c})$表示测量方向，此时分别表示水平偏振态（$h$）和垂直偏振态（$v$）为

$$\begin{aligned}|r_h\rangle&=\cos\phi_r|e_x\rangle+\sin\phi_r|e_y\rangle\\|r_v\rangle&=-\sin\phi_r|e_x\rangle+\cos\phi_r|e_y\rangle\end{aligned} \tag{2.61}$$

测量方向 $\boldsymbol{r}$ 在三维坐标空间上表示的方位角是 ϕ_r。沿着任意两个方向的偏振测量结果相互独立并组成 4 项基矢，它们分别表示为

$$|1\rangle=|a_{\mathrm{h}},b_{\mathrm{h}}\rangle\qquad|2\rangle=|a_{\mathrm{h}},b_{\mathrm{v}}\rangle\qquad|3\rangle=|a_{\mathrm{v}},b_{\mathrm{h}}\rangle\qquad|4\rangle=|a_{\mathrm{v}},b_{\mathrm{v}}\rangle \tag{2.62}$$

根据式(2.60)～式(2.62)，我们可以表示出局域的粒子数关联概率为

$$N_{\mathrm{lc}}(+\boldsymbol{a},+\boldsymbol{b})=\rho_{11}^{\mathrm{lc}}=\sin^2\xi\cos^2\phi_a\sin^2\phi_b+\cos^2\xi\sin^2\phi_a\cos^2\phi_b$$

$$N_{\mathrm{lc}}(-\boldsymbol{a},-\boldsymbol{b})=\rho_{44}^{\mathrm{lc}}=\sin^2\xi\sin^2\phi_a\cos^2\phi_b+\cos^2\xi\cos^2\phi_a\sin^2\phi_b$$

通过计算发现，水平偏振和垂直偏振的局域 Wigner 关联概率表达式与自旋测量结果对应的局域 Wigner 关联概率表达式相同，该表达式为

$$W_{\mathrm{lc}}=N_{\mathrm{lc}}(\pm\boldsymbol{a},\pm\boldsymbol{b})-N_{\mathrm{lc}}(\pm\boldsymbol{a},\pm\boldsymbol{c})-N_{\mathrm{lc}}(\pm\boldsymbol{c},\pm\boldsymbol{b})$$

$$=\cos^2\phi_a(\cos^2\phi_c-\cos^2\phi_b)-\cos^2\phi_c\sin^2\phi_b \tag{2.63}$$

如果只考虑局域部分，我们发现局域 Wigner 关联概率总是小于等于零（$W_{\mathrm{lc}}\leqslant 0$），也就是说，在此情况下 Wigner 不等式成立。非局域粒子数关联概率表示为 $N_{\mathrm{nlc}}(+\boldsymbol{a},+\boldsymbol{b})=\rho_{11}^{\mathrm{nlc}}$ 和 $N_{\mathrm{nlc}}(-\boldsymbol{a},-\boldsymbol{b})=\rho_{44}^{\mathrm{nlc}}$，经过计算可得

$$N_{\mathrm{nlc}}(\pm\boldsymbol{a},\pm\boldsymbol{b})=\frac{1}{4}\sin(2\xi)\cos(2\eta)\sin(2\phi_a)\sin(2\phi_b) \tag{2.64}$$

总的 Wigner 关联概率表示为 $W=W_{\mathrm{lc}}+W_{\mathrm{nlc}}$。当三个方位角为 $\phi_a=\phi_b=\pi/4$，$\phi_c=3\pi/4$ 时，我们计算得到 Wigner 不等式的最大违反界限值是 $W_{\max}=1/2$。此时的纠缠态写为

$$|\psi\rangle=1/\sqrt{2}(|e_x,e_y\rangle+|e_y,e_x\rangle)$$

或是

$$|\psi\rangle=1/\sqrt{2}(\mathrm{e}^{\mathrm{i}\pi/2}|e_x,e_y\rangle-\mathrm{e}^{-\mathrm{i}\pi/2}|e_y,e_x\rangle)$$

可以发现，两粒子自旋纠缠态换成双光子偏振纠缠态时，Wigner 不等式的最大违反界限值仍旧是 1/2。通过上述分析发现，无论是自旋（自旋向上和自旋向下）还是偏振（水平偏振和垂直偏振），Wigner 不等式的最大违反界限值并没有发生改变，也就是说这两者导致了等效的结果。那么，如何理解实验上为何多次使用双光子偏振纠缠态来实施贝尔不等式实验，而并非自旋纠缠态？其原因有以下几点。

① 实验人员容易制备和探测双光子偏振纠缠态，而自旋纠缠态的实验更加复杂和困难。实验人员通过使用非线性光学晶体或者自发参量下转换等技术来生成双光子偏振纠缠态，而自旋纠缠态的制备则需要涉及更复杂的原子或离子系统。

② 双光子偏振纠缠态的实验通常是全光学的实验，而自旋纠缠态的实验可能需要涉及更多的粒子和更复杂的设备。全光学实验具有操作简单、稳定性高的优势，方便进行大规模的实验研究。

③ 双光子偏振纠缠态的实验通常具有较高的可见度，即两个光子之间的关联性很强，相应的测量结果也能够表现出明显的统计相关性。这有助于更准确地验证贝尔不等式的违反。

④ 双光子偏振纠缠态的实验研究已经有相当长的历史，并且有很多成熟的技术和实验平台可供选择。相比之下，自旋纠缠态的实验研究相对较为新颖，尚且需要技术和设备的发展和完善。

需要注意的是，虽然目前主要使用双光子偏振纠缠态来进行贝尔不等式实验，但自旋纠缠态的实验研究也在不断发展中。自旋纠缠态的实验是探索量子力学基本原理的重要手段之一。以下是其中几个经典的实验。

① 贝尔不等式实验。该实验是验证量子力学中“非局域性”的重要实验之一，实验装置通常采用两个自旋为 1/2 的粒子，它们被纠缠成一个复合系统。实验结果表明，当两个粒子处于纠缠态时，它们的测量结果之间存在着相互依赖的关系，无法用经典物理学解释这种关系。

② 施特恩-格拉赫实验。该实验最初用于验证原子自旋和角动量的量子化，但为后续纠缠态研究奠定了基础。

③ 量子隐形传输实验。该实验利用自旋纠缠态来实现量子隐形传输的特性，通过将一个自旋为 1/2 的粒子的信息传递给另一个处于远距离的纠缠态粒子来实现。实验结果表明，即使两个粒子之间的距离很远，但是它们的纠缠态可以实现量子信息的传输。

这些实验都为我们揭示了量子力学的基本原理，也为我们进一步探索量子世界提供了重要的实验基础。随着技术的进步和理论的深入，未来可能会有更多使用自旋纠缠态的实验来验证和探索量子力学的基本原理。

2.5.2 相互平行偏振的纠缠光子对

在本小节的研究框架中，一个单光子的两个相互垂直偏振态分别用 $|e_x\rangle$ 和 $|e_y\rangle$ 来表示。假设偏振平面垂直于 z 轴，一个相互平行偏振的纠缠光子对表示为

$$|\psi\rangle = c_1|e_x,e_x\rangle + c_2|e_y,e_y\rangle \tag{2.65}$$

它对应于平行自旋极化纠缠态，需得到修正 Wigner 不等式的最大违反界限值。通过计算写出局域的粒子数关联概率为

$$N_{\mathrm{lc}}(+\boldsymbol{a},-\boldsymbol{b}) = \rho_{22}^{\mathrm{lc}} = \sin^2\xi\cos^2\phi_a\sin^2\phi_b + \cos^2\xi\sin^2\phi_a\cos^2\phi_b$$

$$N_{\mathrm{lc}}(-\boldsymbol{a},+\boldsymbol{b}) = \rho_{33}^{\mathrm{lc}} = \sin^2\xi\sin^2\phi_a\cos^2\phi_b + \cos^2\xi\cos^2\phi_a\sin^2\phi_b$$

那么，局域 Wigner 关联概率表示为

$$\begin{aligned} W_{\mathrm{lc}} &= N_{\mathrm{lc}}(\pm\boldsymbol{a},m\boldsymbol{b}) - N_{\mathrm{lc}}(\pm\boldsymbol{a},m\boldsymbol{c}) - N_{\mathrm{lc}}(\pm\boldsymbol{c},m\boldsymbol{b}) \\ &= 1/4[\cos(2\phi_a)\cos(2\phi_c) - \cos(2\phi_a)\cos(2\phi_b) + \cos(2\phi_c) \\ &\quad \cos(2\phi_b) - 1] \end{aligned} \tag{2.66}$$

可验证 $W_{\mathrm{lc}} \leqslant 0$，即只考虑局域项时，修正 Wigner 不等式式（2.35）成立。对于非局域部分的粒子数关联概率 $N_{\mathrm{nlc}}(+\boldsymbol{a},-\boldsymbol{b}) = \rho_{22}^{\mathrm{nlc}}$ 和 $N_{\mathrm{nlc}}(-\boldsymbol{a},$

$+\boldsymbol{b})=\rho_{33}^{\mathrm{nlc}}$，可以得到

$$N_{\mathrm{nlc}}(\pm\boldsymbol{a},m\boldsymbol{b})=-\frac{1}{4}\sin(2\xi)\cos(2\eta)\sin(2\phi_a)\sin(2\phi_b) \tag{2.67}$$

接着表示出总 Wigner 关联概率，用表达式写为 $W=W_{\mathrm{lc}}+W_{\mathrm{nlc}}\leqslant 1/2$。当三个方位角分别取值为 $\phi_a=\phi_b=\pi/4$ 和 $\phi_c=3\pi/4$ 时，可以得到修正 Wigner 不等式的最大违反界限值 $W_{\max}=1/2$。此时，双光子偏振纠缠态是

$$|\psi\rangle=1/\sqrt{2}(|e_x,e_x\rangle-|e_y,e_y\rangle)$$

$$|\psi\rangle=1/\sqrt{2}(\mathrm{e}^{\mathrm{i}\pi/2}|e_x,e_x\rangle+\mathrm{e}^{-\mathrm{i}\pi/2}|e_y,e_y\rangle)$$

很明显，可以取到最大违反界限值的纠缠态不止一种，需要取到合适的态参数。

2.6 用自旋相干态量子概率统计法违反 CHSH 不等式

在 2.1 节中提到的自旋相干态量子概率统计法可以应用的范围是广泛的。比如说，在研究两个中性自旋粒子与单模光腔耦合时的常规磁相互作用下的量子关联就用到了这种方法[74]。下面简要阐述这项研究。

考虑两个中性自旋粒子在一个单模光腔中，光腔的频率是 ω。在量子化光场的磁分量中，两个自旋的塞曼能量产生了哈密顿量

$$\hat{H}=\omega\hat{a}^{\dagger}\hat{a}+\mathrm{i}g\sum_{i=1}^{2}(\hat{a}\hat{\sigma}_i^{+}-\hat{a}^{\dagger}\hat{\sigma}_i^{-}) \tag{2.68}$$

且约定 $\hbar=1$。哈密顿量中的泡利矩阵用于描述自旋算符 $\hat{\sigma}_i^{\pm}=\hat{\sigma}_i^{x}\pm\mathrm{i}\hat{\sigma}_i^{y}$。这里的单模光腔的产生算符和湮灭算符分别是 $\hat{a}^{\dagger}$ 和 $\hat{a}$。在光学相干态 $|\alpha\rangle$ 处于半经典近似下寻找哈密顿量的解。光子的湮灭算符在相干态下的复数本征值用公式表达为 $a|\alpha\rangle=\alpha|\alpha\rangle$ 且 $\alpha=\gamma\mathrm{e}^{\mathrm{i}\phi}$。自旋算符的有效哈密顿量表示为

$$\hat{H}_{\mathrm{sp}}(\alpha)=\langle\alpha|H|\alpha\rangle=\omega\gamma^2+\sum_{i=1}^{2}\mathrm{i}\gamma g(\mathrm{e}^{\mathrm{i}\phi}\hat{\sigma}_i^{+}-\mathrm{e}^{-\mathrm{i}\phi}\hat{\sigma}_i^{-}) \tag{2.69}$$

和 $\gamma^2=\langle\alpha|\hat{a}^{\dagger}\hat{a}|\alpha\rangle$ 用于描述平均光子数，这在纠缠动力学中起到重要的作用。自旋哈密顿量 $H_{\mathrm{sp}}(\alpha)$ 在两量子比特基矢下被对角化处理。两量子比特基矢为

$$|e_1\rangle=|+,+\rangle,|e_2\rangle=|+,-\rangle,|e_3\rangle=|-,+\rangle,|e_4\rangle=|-,-\rangle \tag{2.70}$$

哈密顿量的能量本征值表示为

$$\begin{cases}\varepsilon_0(\gamma)=\omega\gamma^2-2g\gamma \\ \varepsilon_3(\gamma)=\omega\gamma^2+2g\gamma \\ \varepsilon_1(\gamma)=\varepsilon_2(\gamma)=\omega\gamma^2\end{cases} \tag{2.71}$$

这些都是关于参数 γ 的函数。与上述本征值对应的本征态分别表示为

$$\begin{aligned}|\psi_0\rangle&=\frac{1}{2}[\mathrm{e}^{-\mathrm{i}\phi}|-,-\rangle-\mathrm{e}^{\mathrm{i}\phi}|+,+\rangle-\mathrm{i}(|+,-\rangle+|-,+\rangle)]\\|\psi_3\rangle&=\frac{1}{2}[\mathrm{e}^{-\mathrm{i}\phi}|-,-\rangle-\mathrm{e}^{\mathrm{i}\phi}|+,+\rangle+\mathrm{i}(|+,-\rangle+|-,+\rangle)]\\|\psi_2\rangle&=\frac{1}{\sqrt{2}}(\mathrm{e}^{\mathrm{i}\phi}|+,+\rangle+\mathrm{e}^{-\mathrm{i}\phi}|-,-\rangle)\\|\psi_1\rangle&=\frac{1}{\sqrt{2}}(|-,+\rangle-|+,-\rangle)\end{aligned} \tag{2.72}$$

从上述公式中看出，在光子相干态假设下，产生了反平行和平行自旋极化的双自旋纠缠态 $|\psi_1\rangle$ 和 $|\psi_2\rangle$。而 $|\psi_0\rangle$ 是超辐射相的基态。

已知对于反平行和平行自旋极化纠缠态而言，CHSH 不等式有最大违反界限值 $2\sqrt{2}$。这一结论可以通过自旋相干态量子概率统计法进行分析：只考虑局域项，CHSH 不等式成立；同时考虑局域项和非局域项，CHSH 不等式被违反。光腔中双量子比特纠缠态的动力学演化可以通过薛定谔方程来计算。在量子力学中，薛定谔方程是描述量子系统演化的基本方程。1925 年，奥地利物理学家埃尔温·薛定谔提出了薛定谔方程的一般形式为：$\mathrm{i}\partial|\psi\rangle/\partial t=\hat{H}|\psi\rangle$。其中，$\hat{H}$ 是系统的哈密顿量算符，ψ 是波函数，i 是虚数单位，$\partial\psi/\partial t$ 是波函数关于时间的偏导数。薛定谔方程描述了量子系统的时间演化。它表示了波函数随时间变化的规律，而波函数则包含了关于系统在不同状态下的概率幅信息。通过求解薛定谔方程，我们可以得到系统在不同时刻的波函数，从而计算出与之相关的物理量的期望值。需要注意的是，薛定谔方程是一个偏微分方程，对于不同的系统和势能形式，其具体形式会有所不同。例如，对于自由粒子，薛定谔方程可

以简化为亥姆霍兹方程，对于定态问题，薛定谔方程可以写成定态薛定谔方程等。薛定谔方程在量子力学理论体系中起着重要的作用，它为我们理解和描述微观粒子的行为提供了基础。通过薛定谔方程，我们可以研究粒子的能级结构、波函数的演化以及与外势场的相互作用等问题。

随后，考虑量子主方程

$$\mathrm{i}\frac{\mathrm{d}\boldsymbol{\rho}(t)}{\mathrm{d}t}=[\hat{H},\boldsymbol{\rho}(t)] \tag{2.73}$$

和时间 t 处的密度算符表示为 $\boldsymbol{\rho}(t)=\boldsymbol{U}(t)\boldsymbol{\rho}(0)\boldsymbol{U}^{\dagger}(t)$。最初的密度算符表示为

$$\boldsymbol{\rho}(0)=\boldsymbol{\rho}_{\psi}(0)\boldsymbol{\rho}_{\mathrm{f}}(0) \tag{2.74}$$

其中，自旋部分表示为 $\boldsymbol{\rho}_{\psi}(0)=|\psi(0)\rangle\langle\psi(0)|$ 和腔场部分表示为 $\boldsymbol{\rho}_{\mathrm{f}}(0)=|\alpha\rangle\langle\alpha|$。$|\alpha\rangle$ 是光子的相干态。在 Fock 空间中光子的相干态表示为

$$|\alpha\rangle=\frac{\sum\limits_{n}\alpha^{n}}{\sqrt{n\,!}}\exp\left(-\frac{|\alpha|^{2}}{2}\right)|n\rangle \tag{2.75}$$

式中，$|\alpha\rangle$ 是相干态，α 是一个复数，$|n\rangle$ 是一个离散态，表示存在 n 个光子的态。光的振幅由 α 的模长来表示，而相位则由 α 的幅角来确定。在量子光学中，相干态是一种特殊的量子态，它描述了光的相位和振幅之间的关系。相干态可以用来描述多个光子之间的相互作用，例如干涉、瞬时相位等现象。在相干态中，光子的波函数具有相同的相位和振幅，因此相干态具有高度的空间和时间相关性。在时间上，相干态表现为连续的波动，其频率对应着光子的能量；在空间上，相干态表现为一系列不同方向的波动，这些波动的相位和振幅是相互关联的。相干态具有许多重要的性质，例如，相干态的光子数分布服从泊松分布。相干态的相干时间为零，即在任意时刻，光的相位和振幅都是完全相关的。相干态的自相关函数可以通过傅里叶变换得到其频谱密度函数，从而描述其频率特性。相干态在现代量子技术中具有广泛的应用，例如在光通信、量子计算和量子测量等领域中。

利用光子数态 $|n\rangle$ 来简化密度算符，我们得到

$$\boldsymbol{\rho}_{\mathrm{r}}(t)=\sum_{n=0}^{\infty}\boldsymbol{\rho}_{n}(t)$$
$$\boldsymbol{\rho}_{n}(t)=\langle n|\boldsymbol{\rho}(t)|n\rangle \tag{2.76}$$

在量子主方程的基础上，利用密度矩阵 $\boldsymbol{\rho}_{\mathrm{r}}(t)$ 的时间演化来研究纠缠动力学，由此导出了随时间变化的最大量子 CHSH 关联概率。并将它

与众所周知的纠缠度进行了比较。与 $\boldsymbol{\rho}_{\mathrm{r}}(t)$ 相关的矩阵定义为

$$\boldsymbol{T}_{\rho_{\mathrm{r}}(t)}=\boldsymbol{\rho}_{\mathrm{r}}(t)\hat{\sigma}\otimes\hat{\sigma} \tag{2.77}$$

有一个对称矩阵表示为

$$\boldsymbol{U}_{\rho_{\mathrm{r}}(t)}=\boldsymbol{T}_{\rho_{\mathrm{r}}(t)}^{\mathrm{T}}\boldsymbol{T}_{\rho_{\mathrm{r}}(t)} \tag{2.78}$$

且 $\boldsymbol{T}_{\rho}^{\mathrm{T}}$ 是 $\boldsymbol{T}_{\rho}$ 的转置算符。本研究可以从对称矩阵 $\boldsymbol{U}_{\rho_{\mathrm{r}}(t)}$ 的本征值中获得 CHSH 不等式的最大违反界限值，其表达式为

$$P_{\mathrm{CHSH}}^{\max}(t)=2\sqrt{m(\boldsymbol{\rho}_{\mathrm{r}})} \tag{2.79}$$

其中，$m(\boldsymbol{\rho}_{\mathrm{r}}(t))=\max_{j<k}(u_j+u_k)$，且 $u_j(j=1,\ 2,\ 3)$ 是 $\boldsymbol{U}_{\rho_{\mathrm{r}}(t)}$ 的本征值。已知 CHSH 不等式最大违反界限值是 $2\sqrt{2}$，式(2.79) 进一步表示为 $P_{\mathrm{CHSH}}^{\max}(t)=2\sqrt{2}$。如果满足条件 $P_{\mathrm{CHSH}}^{\max}(t)<2$，那么由于场相互作用引起量子退相干，会发生纠缠态坍缩。

两量子比特纠缠度的定义如下

$$C(t)=\max\{0,\Lambda(t)\} \tag{2.80}$$

其中，$\Lambda(t)=\lambda_1(t)-\lambda_2(t)-\lambda_3(t)-\lambda_4(t)$，$\lambda_i(t)$ 表示矩阵 $\boldsymbol{\rho}_{\mathrm{r}}(t)$ $(\hat{\sigma}_y\otimes\hat{\sigma}_y)$ $\boldsymbol{\rho}_{\mathrm{r}}^*(t)$ $(\hat{\sigma}_y\otimes\hat{\sigma}_y)$ 的本征值的平方根，其中 $i=1,\ 2,\ 3,\ 4$ 按特征值大小次序递减。

$\boldsymbol{\rho}_{\mathrm{r}}^*(t)$ 是两量子比特密度矩阵 $\boldsymbol{\rho}_{\mathrm{r}}(t)$ 的复数共轭。CHSH 最大关联概率 $P_{\mathrm{CHSH}}^{\max}(t)$ 与纠缠度 $C(t)$ 进行比较，可以建立 CHSH 不等式的违反与纠缠度之间的动态关系。在光子相干态中，平均光子数 γ^2 对纠缠动力学有很大的影响。考虑反平行自旋极化纠缠态，在光场的一个周期 $T=2\pi/\omega$ 中，原子和场耦合系数为 $g=1$，最大量子 CHSH 概率 $P_{\mathrm{CHSH}}^{\max}$ 和纠缠度 C 随时间 t 的变化曲线图如图2.2 所示。自旋单态 $|\psi_1\rangle$ 时存在最大违反界限值 $P_{\mathrm{CHSH}}^{\max}(t)=2\sqrt{2}$，$C(t)=1$。值得注意的是，当平均光子数取值为 $\gamma^2=15$ 时，纠缠态会坍缩。当平均光子数是 $\gamma^2=150$ 时，存在最大量子 CHSH 概率 $P_{\mathrm{CHSH}}^{\max}(t)=2\sqrt{2}$ 和纠缠度 $C(t)=1$。结合这两种平均光子数取值的不同，可以发现退相干和相干恢复。量子相干性本质上是量子系统显示干涉的能力。量子退相干是量子相干性的损失，它降低了干扰的可见性。这通常发生在开放量子系统与其周围环境相互作用的时间段。退相干的基本机制是观察到的子系统与另一个未观察到的子系统的纠缠。量子纠缠和相干的概念紧密相连，可以统一在一个关系中。

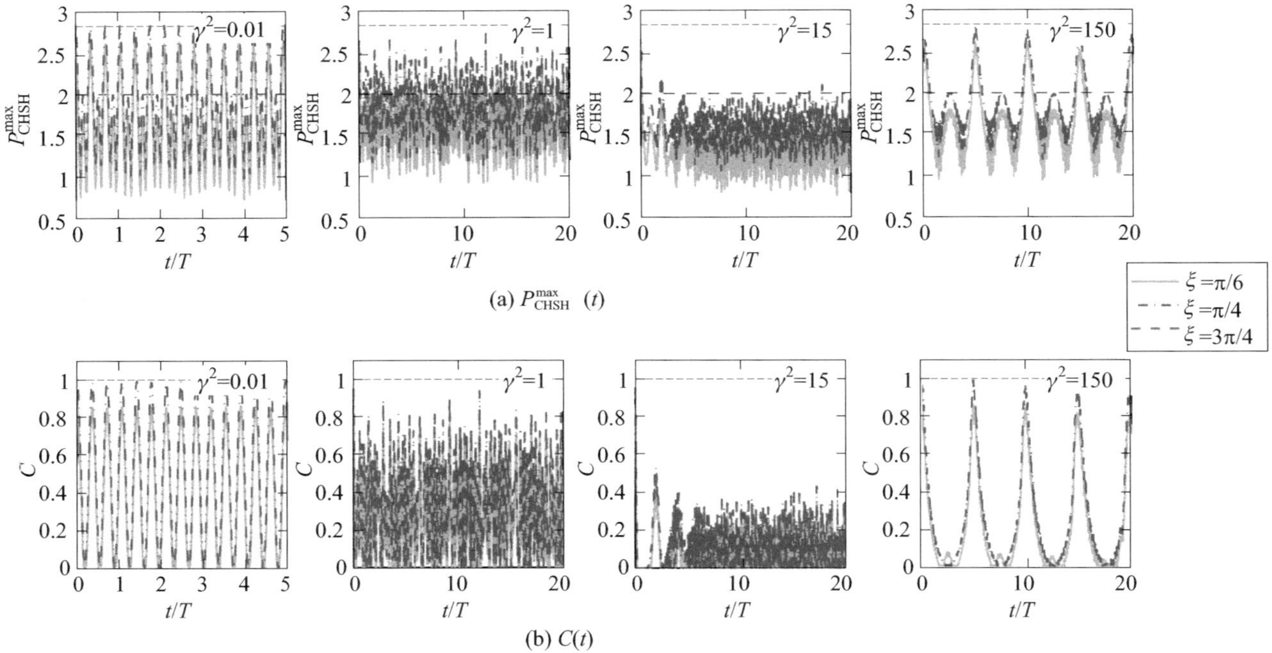

图 2.2　在光场的一个周期 T 中，测量反平行自旋极化纠缠态的最大量子 CHSH 概率 P_{CHSH}^{max} 和纠缠度 C 分别随时间 t 变化的函数关系图（$\eta=0$）

最大量子 CHSH 概率 $P_{\text{CHSH}}^{\max}$ 和纠缠度 C 的时间变化曲线如图 2.3 所示。当平均光子数是 $\gamma^2=15$ 且初态参数取 $\xi=3\pi/4$ 时，会发生纠缠坍缩。当平均光子数是 $\gamma^2=150$ 时，存在最大量子 CHSH 概率 $P_{\text{CHSH}}^{\max}(t)=2\sqrt{2}$ 和最大纠缠度 $C(t)=1$。结合这两种平均光子数取值的不同，依旧可以发现退相干和相干恢复。

图 2.4 和图 2.5 表示纠缠态为平行自旋极化纠缠态，随时间 t 变化而变化的最大 CHSH 关联概率 $P_{\text{CHSH}}^{\max}$ 和纠缠度 C 的示意图。由图 2.4 和图 2.5 可知，当平均光子数增加到 $\gamma^2=15$ 时，只有在 $\xi=3\pi/4$ 的状态下，平行自旋极化纠缠态坍缩，而在 $\xi=\pi/6$、$\pi/4$ 的状态下会违反 CHSH 不等式。最大光子数界限值 $\gamma^2=150$ 且初态参数 $\xi=3\pi/4$ 时，纠缠态会退相干。当平均光子数 $\gamma^2=15$ 且初态参数为 $\eta=\pi/4$、$\pi/3$ 时，纠缠态会坍缩。坍缩恢复发生在时间点 $t=(n/2)5T$，且此时最大光子数限制为 $\gamma^2=150$。

值得讨论的是量子纠缠度与退相干、相干恢复的关系。量子纠缠度是描述两个或多个量子系统之间相互依赖关系的量子态特征。简单来说，它是指当两个或多个量子系统之间的测量结果彼此相互关联时，它们就处于纠缠状态。量子纠缠度与退相干和相干恢复有很大的关系。在量子信息领域中，通常使用量子比特作为信息存储和处理的基本单位。当量子比特之间存在纠缠时，它们之间的信息可以在非局域的方式下传输。但由于环境的干扰和耦合，量子比特之间的量子纠缠度会逐渐降低，这被称为退相干。如果能够采取一些措施，将系统与环境隔离或者通过纠缠操作来恢复量子纠缠度，就可以实现相干恢复。显然在文献［74］中，通过增加平均光子数可以实现相干恢复。具体地说，当一个系统与环境发生耦合时，系统的量子态将会逐渐演化为一个经典态。在这个过程中，量子纠缠度将会衰减，从而导致系统退相干。如果我们想要保护量子纠缠度，就需要将系统和环境隔离开来，以防止它们之间的耦合。这一过程通常被称为量子纠错。

可以通过采取某些措施，如量子纠缠操作或者量子纠错码等，来重建退相干的量子态中的量子纠缠度，从而实现相干恢复。这可以防止量子信息在传输和处理过程中丢失，从而保证量子计算和量子通信的可靠性和稳定性。

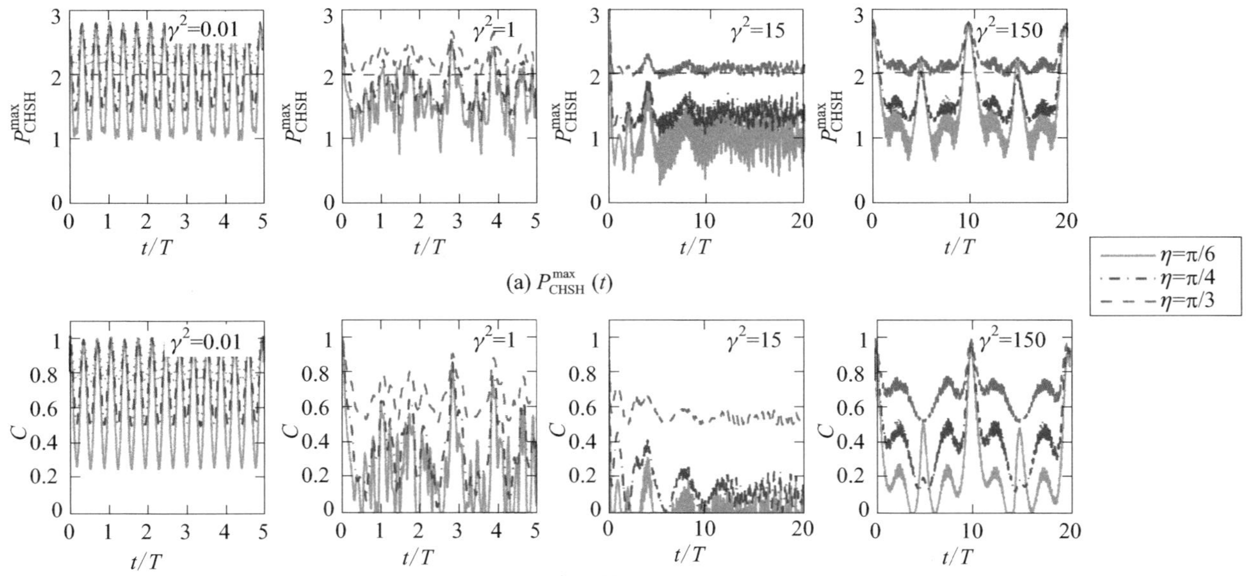

(a) $P_{\mathrm{CHSH}}^{\max}(t)$

(b) $C(t)$

图 2.3 在光场的一个周期 T 中，测量平行自旋极化纠缠态的最大量子 CHSH 概率 $P_{\mathrm{CHSH}}^{\max}$ 和纠缠度 C 分别随时间 t 变化的函数关系图（$\xi=\pi/4$）

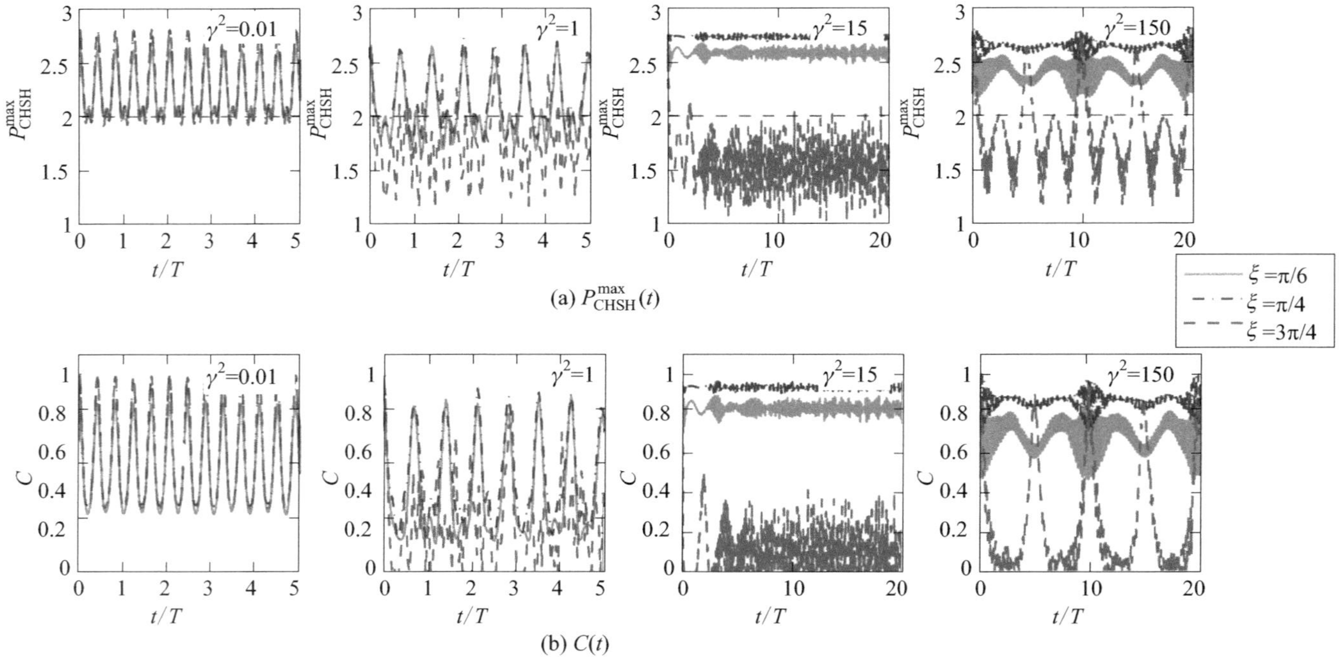

图 2.4 在光场的一个周期 T 中，测量平行自旋极化纠缠态的最大量子 CHSH 概率 $P_{\rm CHSH}^{\max}$ 和纠缠度 C 分别随时间 t 变化的函数关系图（$\eta=0$）

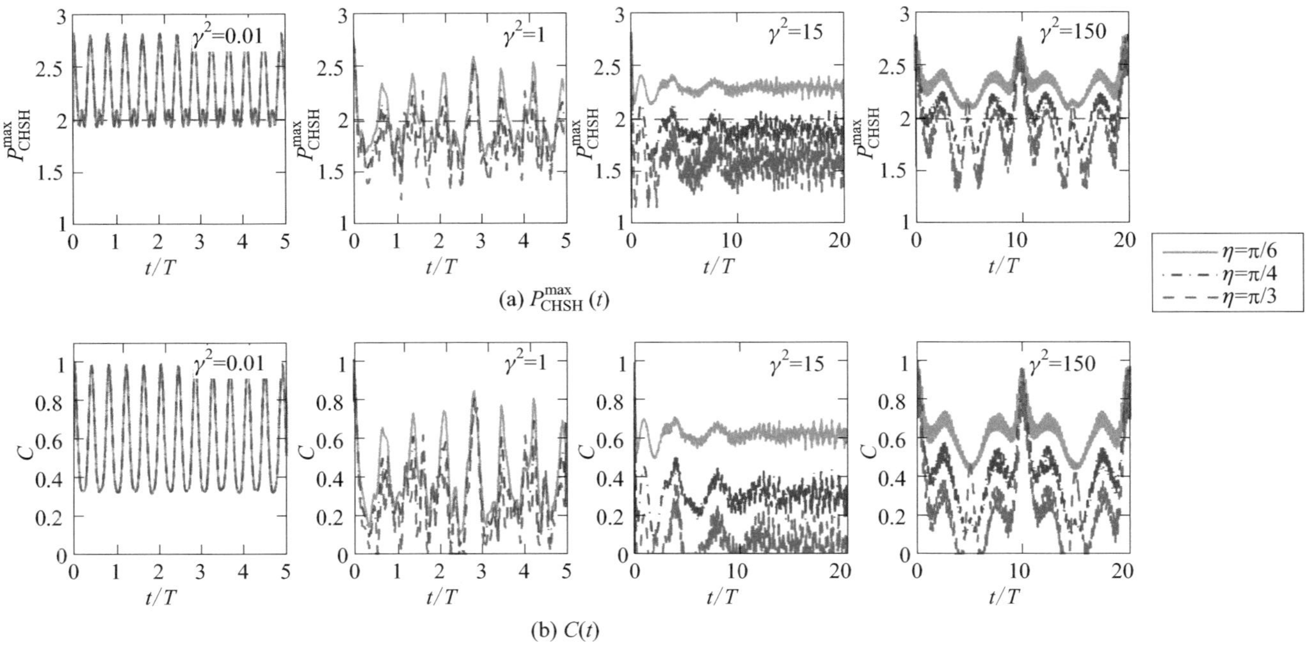

图 2.5　在光场的一个周期 T 中，测量平行自旋极化纠缠态的最大量子 CHSH 概率 P_{CHSH}^{max} 和纠缠度 C 分别随时间 t 变化的函数关系图（$\xi=\pi/4$）

量子纠缠操作是指通过一系列的量子操作，使得多个量子系统之间处于纠缠态的状态。这种操作可以通过对量子态进行操作，或者通过对多个量子系统进行相互作用来实现。在实际的量子系统中，量子纠缠操作可以通过以下方式来实现。

① 通过量子门操作实现量子纠缠操作。量子门操作可以用来对多个量子比特进行操作，从而实现它们之间的纠缠。例如，通过应用控制门（如 CNOT 门）或 Hadamard 门等，可以将多个量子比特纠缠在一起。

② 通过量子测量实现量子纠缠操作。在一些情况下，通过对一个或多个量子比特进行测量，可以实现它们之间的纠缠。例如，在量子纠缠态贝尔态中，对其中一个量子比特进行测量可以导致另一个量子比特的状态发生变化，从而实现它们之间的纠缠操作。

③ 通过量子纠缠门实现量子纠缠操作。一些专门设计的量子门可以直接实现量子纠缠操作，通过改变量子系统之间的相互作用，从而达到产生或改变量子纠缠的目的。

需要注意的是，量子纠缠操作通常需要在非常精密的实验条件下进行，以保持和控制量子态的稳定性。此外，量子纠缠操作也是量子计算和量子通信中的重要组成部分，因为它可以用来实现量子比特之间的信息传输和处理，从而完成一系列的量子信息处理任务。

量子纠错码是一种用于保护量子信息的编码方式，它可以在量子比特受到干扰或误差时，通过冗余的量子比特来实现纠错和恢复原始信息。在经典计算中，我们常用的纠错码可以对比特级别的信息进行纠错，而在量子计算中，量子纠错码则可以对量子比特进行纠错。量子纠错码的设计考虑了量子态的叠加性质和测量对量子态的破坏性，以及量子比特之间可能存在的相互作用和噪声。通过在量子信息中引入冗余的量子比特，量子纠错码可以检测和纠正由于量子比特的退相干、失真或噪声引起的错误，从而保护量子信息不受破坏。常见的量子纠错码包括 Bit 翻转码、相位翻转码、Shor 码、Steane 码等。这些量子纠错码具有不同的性质和适用范围，但它们的共同目标是通过在量子系统中引入冗余信息，实现对量子比特错误的检测和纠正。量子纠错码的研究和应用对于实现可靠的量子计算和量子通信具有重要意义。它们可以提高量子系统的稳定性和可靠性，从而使得量子信息处理更加可行和实用。因此，量子纠错码是量子信息科学中的一个重要研究领域，也是未来量子技术发展的关键之一。总之，量子纠缠度、退相干和相干恢复是量子信息科学中非常重要的概念，它们的研究对于实现量子计算和量子通信具有重要的理论和实际意义。

本章小结

通过运用粒子数关联概率表示方法，本章从经典概率统计的角度将最初的 Wigner 不等式扩展到两粒子任意系数反平行自旋极化和平行自旋极化纠缠态体系中。对于反平行自旋极化纠缠态而言，应该在任意三个方向上检测两个自旋同为正或同为负的粒子。而对于平行自旋极化纠缠态而言，需要测量的两个粒子的自旋方向是一正一负或是一负一正。从量子概率统计的角度出发，将态密度算符分为局域和非局域两部分，计算出粒子数关联概率。我们发现，只考虑局域模型时，局域 Wigner 关联概率 W_{lc} 总是小于等于零，这说明了 Wigner 不等式成立。同时考虑局域和非局域两部分，那么 Wigner 关联概率 W 可以大于零，即该纠缠态使得 Wigner 不等式被违反了。对于任意系数的两粒子反平行和平行自旋极化纠缠态而言，Wigner 不等式和修正 Wigner 不等式的最大违反界限值是 $W_{max}=1/2$。从本章研究分析，测量违反界限值取决于纠缠态态参数 ξ 和 η 的取值以及三个测量方向的设置。

施特恩-格拉赫实验在梯度磁场中探测粒子的自旋向上和自旋向下状态。施特恩-格拉赫实验是一种经典的实验，用于观察和测量粒子的自旋状态。它的原理基于磁场对具有自旋的粒子施加的力的作用。在施特恩-格拉赫实验中，首先准备一个梯度磁场。它是沿着某个方向（通常垂直于实验平面）逐渐增强或减弱的磁场。然后，束缚着粒子的原子束穿过这个磁场。根据粒子的自旋性质，它们具有两种可能的自旋状态：自旋向上和自旋向下。这些不同的自旋状态可以通过施特恩-格拉赫实验来探测和分离。当原子束穿过梯度磁场时，自旋向上的粒子和自旋向下的粒子会受到不同的磁场力。根据洛伦兹力定律，磁场对带电粒子施加一个垂直于粒子速度和磁场方向的力。因此，在梯度磁场中，自旋向上的粒子和自旋向下的粒子将会发生偏转。具体而言，自旋向上的粒子会受到向下的力，偏转到磁场梯度的低磁场区域。而自旋向下的粒子会受到向上的力，偏转到磁场梯度的高磁场区域。通过在合适位置放置检测器，我们可以观察到两个不同的束斑，分别代表自旋向上和自旋向下的粒子。这样，施特恩-格拉赫实验通过将自旋向上和自旋向下的粒子分离开，使我们能够探测它们的存在和测量它们的性质。实验显示，自旋向上和自旋向下的粒子在梯度磁场中呈现不同的行为，这是它们的自旋状态不同所导致的结果。施特恩-格拉赫实验为我们理解和研究粒子自旋提供了重要的实验基础。它揭示了自旋作为量子性质的重要性，并且对量子力学的发展产生了深远的影响。

那么，研究人员值得期待 Wigner 不等式和修正 Wigner 不等式的实验验证。通过研究观测，实验验证 Wigner 不等式的违反是相当有趣的现象。除了两粒子的自旋以外，它可能更适合任意自由度的两粒子系统，因为只有粒子数关联概率是需要检测的，而并非自旋变量。尽管本章研究是基于两粒子自旋纠缠态，但是这个结果可以用于相互垂直偏振和相互平行偏振的纠缠光子对[75-79]。在双光子偏振纠缠态下，依旧得到 Wigner 关联概率的最大违反界限值为 $W_{\max}=1/2$。此外，本章 2.6 节举例说明了用自旋相干态量子概率统计方法违反 CHSH 不等式以及退相干和相干恢复的现象。

第3章

扩展贝尔不等式及其最大违反

贝尔不等式不仅仅适用于自旋单态，它也适用于任意系数的反平行自旋极化纠缠态。而对于任意系数的平行自旋极化纠缠态而言，贝尔不等式并不成立，需要对贝尔不等式进行修正[71]。那么，是否存在一种统一形式的贝尔不等式不仅适用于反平行自旋极化纠缠态，还适用于平行自旋极化纠缠态呢？如果存在，那么贝尔不等式就可以用一种形式来表示。

本章的主要目标是建立一个扩展贝尔不等式，使其适用于平行自旋极化纠缠态和反平行自旋极化纠缠态。通过自旋相干态量子概率统计的研究方法，本章可以获得扩展贝尔不等式的最大违反界限。事实表明，在实验检验上沿着任意三个方向测量的贝尔不等式与 CHSH 不等式一样方便。研究表明，可以通过将金刚石晶片中的单个氮空位缺陷中心与电子自旋相结合[42] 这样一个无漏洞的实验方法验证 CHSH 不等式的违反。本章首先在经典概率统计的基础上提出扩展贝尔不等式，然后运用第 2 章中提到的自旋相干态量子概率统计的方法得到扩展贝尔不等式的最大违反界限值，接着考虑将扩展贝尔不等式应用于纠缠光子对，检验扩展贝尔不等式的最大违反界限值是否与自旋纠缠时的最大违反界限值一致。

3.1 扩展贝尔不等式

适用于反平行自旋极化纠缠态（包括自旋单态）的贝尔不等式表示为

$$1+P_{\mathrm{lc}}(\boldsymbol{b},\boldsymbol{c})\geqslant|P_{\mathrm{lc}}(\boldsymbol{a},\boldsymbol{b})-P_{\mathrm{lc}}(\boldsymbol{a},\boldsymbol{c})| \tag{3.1}$$

适用于平行自旋极化纠缠态的修正贝尔不等式表示为

$$1-P_{\mathrm{lc}}(\boldsymbol{b},\boldsymbol{c})\geqslant|P_{\mathrm{lc}}(\boldsymbol{a},\boldsymbol{b})-P_{\mathrm{lc}}(\boldsymbol{a},\boldsymbol{c})| \tag{3.2}$$

由于存在不等式 $1+|P_{\mathrm{lc}}(\boldsymbol{b},\boldsymbol{c})|\geqslant 1\pm P_{\mathrm{lc}}(\boldsymbol{b},\boldsymbol{c})$，那么可以得到扩展贝尔不等式，为

$$1+|P_{\mathrm{lc}}(\boldsymbol{b},\boldsymbol{c})|\geqslant|P_{\mathrm{lc}}(\boldsymbol{a},\boldsymbol{b})-P_{\mathrm{lc}}(\boldsymbol{a},\boldsymbol{c})| \tag{3.3}$$

扩展贝尔不等式式（3.3）用了一种极为简单又意义非凡的不等式条件，使得不等式整体看起来简单中隐含着复杂的关系。接下来，量子贝尔关联概率被定义为

$$P_{\mathrm{B}}=|P(\boldsymbol{a},\boldsymbol{b})-P(\boldsymbol{a},\boldsymbol{c})|-|P(\boldsymbol{b},\boldsymbol{c})| \tag{3.4}$$

那么扩展贝尔不等式可以表示为 $P_{\mathrm{B}}^{\mathrm{lc}}\leqslant 1$，一旦出现 $P_{\mathrm{B}}>1$ 这种情况时，意味着纠缠态违反了扩展贝尔不等式。

3.2 经典证明

从经典概率统计的角度出发，即运用第 2.1 节介绍的粒子数关联概率表示方法，我们可以证明扩展贝尔不等式式（3.3）的成立。当初态是任意系数的反平行自旋极化纠缠态时，沿着 **a**、**b**、**c** 三个任意方向分别测量两个纠缠粒子的自旋状态，用“+”或“−”表示自旋测量结果。自旋反关联测量表现为 2.2 节的表 2.1 中 8 种粒子数概率（$N_i \geqslant 0$）。若观察者 Alice 沿着 **a** 方向测量，观察者 Bob 沿着 **b** 方向测量，对应可能得到 $\pm\boldsymbol{a}$ 和 $\pm\boldsymbol{b}$ 的测量结果，由此我们可以得到 4 种测量结果组合情况的粒子数关联概率为

$$\begin{cases} N_{\mathrm{lc}}(+\boldsymbol{a},+\boldsymbol{b})=\dfrac{N_3+N_4}{\sum\limits_{i=1}^{8}N_i} \\ N_{\mathrm{lc}}(-\boldsymbol{a},-\boldsymbol{b})=\dfrac{N_5+N_6}{\sum\limits_{i=1}^{8}N_i} \\ N_{\mathrm{lc}}(+\boldsymbol{a},-\boldsymbol{b})=\dfrac{N_1+N_2}{\sum\limits_{i=1}^{8}N_i} \\ N_{\mathrm{lc}}(-\boldsymbol{a},+\boldsymbol{b})=\dfrac{N_7+N_8}{\sum\limits_{i=1}^{8}N_i} \end{cases} \tag{3.5}$$

根据式(2.21)，扩展贝尔不等式中的自旋测量结果关联概率 $P_{\mathrm{lc}}(\boldsymbol{a},\boldsymbol{b})$ 表示为

$$P_{\mathrm{lc}}(\boldsymbol{a},\boldsymbol{b})=\frac{1}{\sum\limits_{i=1}^{8}N_i}(N_3+N_4+N_5+N_6-N_1-N_2-N_7-N_8) \tag{3.6}$$

那么，观察者 Alice 沿着 **a** 方向探测，且观察者 Bob 沿着 **c** 方向探测的自旋测量结果关联概率为

$$P_{\mathrm{lc}}(\boldsymbol{a},\boldsymbol{c})=\frac{1}{\sum_{i=1}^{8}N_i}(N_2+N_4+N_5+N_7-N_1-N_3-N_6-N_8) \tag{3.7}$$

观察者 Alice 沿着 $\boldsymbol{b}$ 方向探测，且观察者 Bob 沿着 $\boldsymbol{c}$ 方向探测的自旋测量结果关联概率为

$$P_{\mathrm{lc}}(\boldsymbol{b},\boldsymbol{c})=\frac{1}{\sum_{i=1}^{8}N_i}(N_2+N_6+N_3+N_7-N_1-N_5-N_4-N_8) \tag{3.8}$$

关系式表示为

$$P_{\mathrm{lc}}(\boldsymbol{a},\boldsymbol{b})-P_{\mathrm{lc}}(\boldsymbol{a},\boldsymbol{c})=\frac{2}{\sum_{i=1}^{8}N_i}(N_3+N_6-N_2-N_7) \tag{3.9}$$

根据式（3.4），经典贝尔关联概率表示为

$$\begin{aligned}P_{\mathrm{B}}^{\mathrm{lc}}&=|P_{\mathrm{lc}}(\boldsymbol{a},\boldsymbol{b})-P_{\mathrm{lc}}(\boldsymbol{a},\boldsymbol{c})|-|P_{\mathrm{lc}}(\boldsymbol{b},\boldsymbol{c})|\\&=\frac{1}{\sum_{i=1}^{8}N_i}\begin{pmatrix}2|N_3+N_6-N_2-N_7|\\-|N_2+N_6+N_3+N_7-N_1-N_5-N_4-N_8|\end{pmatrix}\end{aligned} \tag{3.10}$$

我们很容易证明在经典概率统计下的扩展贝尔不等式适用于反平行自旋极化纠缠态，该不等式表示为

$$P_{\mathrm{B}}^{\mathrm{lc}}\leqslant 1 \tag{3.11}$$

仅仅在特殊情况 $N_2=N_7=0$ 或者 $N_3=N_6=0$ 时，式（3.11）取等号。

如果初态为任意系数的平行自旋极化纠缠态，即 $|\psi\rangle=c_1|+,+\rangle+c_2|-,-\rangle$，分别沿着 $\boldsymbol{a}$、$\boldsymbol{b}$、$\boldsymbol{c}$ 三个方向测量纠缠的两个粒子自旋状态，仍然用“+”或“−”来表示测量结果。那么在这种初态下，自旋关联测量表现为第 2.2 节表 2.2 的 8 种粒子数概率情况（$N_i\geqslant 0$）。若观察者 Alice 沿着 $\boldsymbol{a}$ 方向测量并且观察者 Bob 沿着 $\boldsymbol{b}$ 方向测量，4 种粒子数关联概率表示为

$$\begin{cases} N_{lc}(+\boldsymbol{a}, +\boldsymbol{b}) = \dfrac{N_1 + N_2}{\sum\limits_{i=1}^{8} N_i} \\ N_{lc}(-\boldsymbol{a}, -\boldsymbol{b}) = \dfrac{N_7 + N_8}{\sum\limits_{i=1}^{8} N_i} \\ N_{lc}(+\boldsymbol{a}, -\boldsymbol{b}) = \dfrac{N_3 + N_4}{\sum\limits_{i=1}^{8} N_i} \\ N_{lc}(-\boldsymbol{a}, +\boldsymbol{b}) = \dfrac{N_5 + N_6}{\sum\limits_{i=1}^{8} N_i} \end{cases} \tag{3.12}$$

那么，两粒子的自旋测量结果关联概率 P_{lc}（$\boldsymbol{a}$，$\boldsymbol{b}$）表示为

$$P_{lc}(\boldsymbol{a}, \boldsymbol{b}) = \frac{1}{\sum\limits_{i=1}^{8} N_i}(N_1 + N_2 + N_7 + N_8 - N_3 - N_4 - N_5 - N_6) \tag{3.13}$$

若观察者 Alice 沿着 $\boldsymbol{a}$ 方向测量，观察者 Bob 沿着 $\boldsymbol{c}$ 方向测量，两粒子的自旋测量结果关联概率 P_{lc}（$\boldsymbol{a}$，$\boldsymbol{c}$）表示为

$$P_{lc}(\boldsymbol{a}, \boldsymbol{c}) = \frac{1}{\sum\limits_{i=1}^{8} N_i}(N_1 + N_3 + N_6 + N_8 - N_2 - N_4 - N_5 - N_7) \tag{3.14}$$

若观察者 Alice 沿着 $\boldsymbol{b}$ 方向测量，观察者 Bob 沿着 $\boldsymbol{c}$ 方向测量，两粒子的自旋测量结果关联概率 P_{lc}（$\boldsymbol{b}$，$\boldsymbol{c}$）表示为

$$P_{lc}(\boldsymbol{b}, \boldsymbol{c}) = \frac{1}{\sum\limits_{i=1}^{8} N_i}(N_1 + N_5 + N_4 + N_8 - N_2 - N_6 - N_3 - N_7) \tag{3.15}$$

经典贝尔关联概率 P_B^{lc} 化简之后，我们能够证明 $P_B^{lc} \leqslant 1$ 成立。在经典概率统计描述的局域实在论模型上，无论初态是反平行自旋极化纠缠态或是平行自旋极化纠缠态，本节都用粒子数关联概率的表示方法证明了扩展贝尔不等式是完全成立的，即

$$P_B^{lc} = |P_{lc}(\boldsymbol{a}, \boldsymbol{b}) - P_{lc}(\boldsymbol{a}, \boldsymbol{c})| - |P_{lc}(\boldsymbol{b}, \boldsymbol{c})| \leqslant 1 \tag{3.16}$$

3.3 扩展贝尔不等式的最大违反值

通过第 2.1 节介绍的自旋相干态量子概率统计方法，研究者可以得到量子关联概率 $P(\boldsymbol{a},\boldsymbol{b})$，它表示初态为 $|\psi\rangle$ 时第一个粒子在 $\boldsymbol{a}$ 方向测量自旋，第二个粒子在 $\boldsymbol{b}$ 方向测量自旋的关联概率。无论反平行自旋极化纠缠态或平行自旋极化纠缠态，研究者可以得到扩展贝尔不等式 P_{B} 被违反以及最大违反界限值，这为实验中验证扩展贝尔不等式及其违反提供了一个量化的界限。下面，我们将从反平行自旋极化纠缠态和平行自旋极化纠缠态这两种情形入手，探讨扩展贝尔不等式被违反的具体情况。

3.3.1 反平行自旋极化的纠缠态

首先，我们分析反平行自旋极化纠缠态，采用第 2.1 节中所述的自旋相干态量子概率统计方法，以此来推导出局域的态密度算符的矩阵元素，它们分别可以表示为

$$\begin{cases}\rho_{11}^{\mathrm{lc}}=\sin^2\xi\cos^2\dfrac{\theta_a}{2}\sin^2\dfrac{\theta_b}{2}+\cos^2\xi\sin^2\dfrac{\theta_a}{2}\cos^2\dfrac{\theta_b}{2}\\ \rho_{44}^{\mathrm{lc}}=\sin^2\xi\sin^2\dfrac{\theta_a}{2}\cos^2\dfrac{\theta_b}{2}+\cos^2\xi\cos^2\dfrac{\theta_a}{2}\sin^2\dfrac{\theta_b}{2}\\ \rho_{22}^{\mathrm{lc}}=\sin^2\xi\cos^2\dfrac{\theta_a}{2}\cos^2\dfrac{\theta_b}{2}+\cos^2\xi\sin^2\dfrac{\theta_a}{2}\sin^2\dfrac{\theta_b}{2}\\ \rho_{33}^{\mathrm{lc}}=\sin^2\xi\sin^2\dfrac{\theta_a}{2}\sin^2\dfrac{\theta_b}{2}+\cos^2\xi\cos^2\dfrac{\theta_a}{2}\cos^2\dfrac{\theta_b}{2}\end{cases}\tag{3.17}$$

非局域密度算符矩阵元素表示为

$$\rho_{11}^{\mathrm{nlc}}=\rho_{44}^{\mathrm{nlc}}=-\rho_{22}^{\mathrm{nlc}}=-\rho_{33}^{\mathrm{nlc}}=\frac{1}{4}\sin(2\xi)\sin\theta_a\sin\theta_b\cos(\phi_a-\phi_b+2\eta)\tag{3.18}$$

通过式(3.17) 可以推导出式(2.14) 中所示的局域关联概率 $P_{\mathrm{lc}}(\boldsymbol{a},\boldsymbol{b})$。只考虑局域部分，扩展贝尔不等式式(3.16) 成立。通过式(3.18) 能够推导出非局域关联概率。通过式(2.14) 和式(2.15) 得到总的量子关联概率，它表示为

$$P(\boldsymbol{a},\boldsymbol{b})=-\cos\theta_a\cos\theta_b+\sin(2\xi)\sin\theta_a\sin\theta_b\cos(\phi_a-\phi_b+2\eta)\tag{3.19}$$

在任意三个方向上进行的量子测量所得的量子贝尔关联概率 P_{B}，可以表达为

$$P_{\mathrm{B}}=\begin{vmatrix}-\cos\theta_a\cos\theta_b+\sin(2\xi)\sin\theta_a\sin\theta_b\cos(\phi_a-\phi_b+2\eta)\\+\cos\theta_a\cos\theta_c-\sin(2\xi)\sin\theta_a\sin\theta_c\cos(\phi_a-\phi_c+2\eta)\end{vmatrix}$$
$$-\left|-\cos\theta_b\cos\theta_c+\sin(2\xi)\sin\theta_b\sin\theta_c\cos(\phi_b-\phi_c+2\eta)\right| \tag{3.20}$$

由于极化角 θ 被限定在 0 和 π 之间，因此 $\sin\theta_a\sin\theta_b$ 必然大于或等于 0。基于这一条件，我们可以进一步推导出量子贝尔关联概率的一个简洁的不等式关系，具体表达为

$$P_{\mathrm{B}}\leqslant|-\cos(\theta_a\pm\theta_b)+\cos(\theta_a m\theta_c)| \tag{3.21}$$

我们可以发现，最大的违反界限值为

$$P_{\mathrm{B}}^{\max}=2 \tag{3.22}$$

并且，量子贝尔关联概率 P_{B} 存在取值范围是 $-1\leqslant P_{\mathrm{B}}\leqslant 2$。当极化角和方位角分别被设定为特定的值，即极化角为 $\theta_a=\theta_b=\theta_c=\pi/2$，方位角为 $\phi_a=\pi/2$，$\phi_b=0$，$\phi_c=\pi$ 时，量子贝尔关联概率的表达式式(3.20) 可以进行简化，得到

$$P_{\mathrm{B}}=2|\sin(2\xi)\sin(2\eta)|-|\sin(2\xi)\cos(2\eta)| \tag{3.23}$$

我们将三个任意的测量方向设定为：第一个方向 $\boldsymbol{a}$ 沿着 y 轴的正方向，而第二个方向 $\boldsymbol{b}$ 和第三个方向 $\boldsymbol{c}$ 则分别沿着 x 轴的正方向和负方向。在这样的设定下，我们可以计算出扩展贝尔不等式的最大违反界限值 $P_{\mathrm{B}}^{\max}=2$。具体来说，当纠缠态的参数取值为特定的 $\xi=(\pi/4)\mathrm{mod}2\pi$ 和 $\eta=(\pi/4)\mathrm{mod}2\pi$ 时，反平行自旋极化纠缠态是

$$|\psi\rangle=\frac{1}{\sqrt{2}}(\mathrm{e}^{\mathrm{i}\pi/4}|+,-\rangle+\mathrm{e}^{-\mathrm{i}\pi/4}|-,+\rangle) \tag{3.24}$$

这一状态下，扩展贝尔不等式达到了其最大的违反界限。最大违反界限值与纠缠态的态参数 ξ 和 η 有关，还受到所设定的三个测量方向的影响。换言之，这一界限值是测量方向与纠缠态参数共同作用的结果。假设我们考虑的是自旋单态，其可以表示为

$$|\psi_{\mathrm{s}}\rangle=\frac{1}{\sqrt{2}}(|+,-\rangle-|-,+\rangle)$$

即纠缠态的参数设置为 $\xi=3\pi/4$ 和 $\eta=0$。在化简量子贝尔关联概率的表达式式(3.20) 后，我们发现该表达式

$$P_B = |-\cos(\phi_a - \phi_b) + \cos(\phi_a - \phi_c)| - |\cos(\phi_b - \phi_c)| \quad (3.25)$$

涉及沿着任意三个方向测量的极化角 $\theta_a = \theta_b = \theta_c = \pi/2$。进一步地，考虑自旋单态时，我们可以得到最大的量子贝尔关联概率

$$P_B = \sqrt{2}$$

此时，方位角分别设置为 $\phi_a = 3\pi/4$，$\phi_b = \pi/2$，$\phi_c = 0$。在自旋单态的情况下，我们无法获得扩展贝尔不等式的最大违反界限值 2，此时扩展贝尔不等式的违反界限值为$\sqrt{2}$。与经典概率统计所得的经典值 1 相比，这个观测值更大，依然表明违反了扩展贝尔不等式。在此次实验中，三个测量方向的具体设置为：方向 $\boldsymbol{b}$ 与方向 $\boldsymbol{c}$ 相互垂直，而方向 $\boldsymbol{a}$ 则平行于两个矢量之差（$\boldsymbol{b}-\boldsymbol{c}$）。

3.3.2 平行自旋极化的纠缠态

类似于第 3.3.1 节的描述，对于平行自旋极化纠缠态，我们可以推导出其态密度算符的局域矩阵元素为

$$\begin{cases} \rho_{11}^{\mathrm{lc}} = \sin^2\xi\cos^2\dfrac{\theta_a}{2}\cos^2\dfrac{\theta_b}{2} + \cos^2\xi\sin^2\dfrac{\theta_a}{2}\sin^2\dfrac{\theta_b}{2} \\ \rho_{44}^{\mathrm{lc}} = \sin^2\xi\sin^2\dfrac{\theta_a}{2}\sin^2\dfrac{\theta_b}{2} + \cos^2\xi\cos^2\dfrac{\theta_a}{2}\cos^2\dfrac{\theta_b}{2} \\ \rho_{22}^{\mathrm{lc}} = \sin^2\xi\cos^2\dfrac{\theta_a}{2}\sin^2\dfrac{\theta_b}{2} + \cos^2\xi\sin^2\dfrac{\theta_a}{2}\cos^2\dfrac{\theta_b}{2} \\ \rho_{33}^{\mathrm{lc}} = \sin^2\xi\sin^2\dfrac{\theta_a}{2}\cos^2\dfrac{\theta_b}{2} + \cos^2\xi\cos^2\dfrac{\theta_a}{2}\sin^2\dfrac{\theta_b}{2} \end{cases} \quad (3.26)$$

只考虑局域项时，依旧存在不等式且表示为 $P_B^{\mathrm{lc}} \leqslant 1$。这与经典概率统计下的结果十分符合。非局域部分的态密度算符的矩阵元素表示为

$$\rho_{11}^{\mathrm{nlc}} = \rho_{44}^{\mathrm{nlc}} = -\rho_{22}^{\mathrm{nlc}} = -\rho_{33}^{\mathrm{nlc}} = \frac{1}{4}\sin(2\xi)\sin\theta_a\sin\theta_b\cos(\phi_a + \phi_b + 2\eta) \quad (3.27)$$

那么，总的量子关联概率表示为

$$P(\boldsymbol{a},\boldsymbol{b}) = \cos\theta_a\cos\theta_b + \sin(2\xi)\sin\theta_a\sin\theta_b\cos(\phi_a + \phi_b + 2\eta) \quad (3.28)$$

沿着任意三个方向测量的量子贝尔关联概率 P_B 表示为

$$P_B = \left| \begin{array}{l} \cos\theta_a\cos\theta_b + \sin(2\xi)\sin\theta_a\sin\theta_b\cos(\phi_a + \phi_b + 2\eta) \\ -\cos\theta_a\cos\theta_c - \sin(2\xi)\sin\theta_a\sin\theta_c\cos(\phi_a + \phi_c + 2\eta) \end{array} \right|$$

$$-|\cos\theta_b\cos\theta_c+\sin(2\xi)\sin\theta_b\sin\theta_c\cos(\phi_b+\phi_c+2\eta)| \quad (3.29)$$

通过上述公式，我们可以推导出与式(3.21) 相同的不等式。因此，我们也得以确定量子贝尔关联概率的最大值。这个最大值可以通过特定的平行自旋极化纠缠态来实现，也即

$$|\psi\rangle=\frac{1}{\sqrt{2}}(e^{i\pi/4}|+,+\rangle+e^{-i\pi/4}|-,-\rangle) \quad (3.30)$$

其中，该纠缠态的参数需要被设定为某个特定值，即 $\xi=(\pi/4) \bmod 2\pi$ 和 $\eta=(\pi/4) \bmod 2\pi$。扩展贝尔不等式的最大违反界限值为 2。此时，测量的极化角和方位角分别设置为 $\theta_a=\theta_b=\theta_c=\pi/2$ 和 $\phi_a=\pi/2$，$\phi_b=0$，$\phi_c=\pi$。三个测量方向设置为 $\boldsymbol{a}$、$\boldsymbol{b}$、$\boldsymbol{c}$ 都垂直于最初自旋极化的方向（即 z 轴方向），$\boldsymbol{a}$ 方向沿着 y 轴的正方向，$\boldsymbol{b}$ 和 $\boldsymbol{c}$ 方向分别沿着 x 轴的正方向和负方向。

通过研究表明：无论反平行或是平行自旋极化纠缠态，量子贝尔关联概率 P_B 的取值范围为 $-1\leqslant P_B\leqslant 2$。只考虑局域项时，量子贝尔关联概率的取值范围为 $-1\leqslant P_B^{lc}\leqslant 1$，此时扩展贝尔不等式成立。当 $P_B>1$ 时，扩展贝尔不等式的违反表明了非局域项是影响扩展贝尔不等式被违反的关键因素。若初态为自旋单态，扩展贝尔不等式的违反界限值为$\sqrt{2}$。而当纠缠态的两个参数分别设置为 $\xi=\pi/4$，$\eta=\pi/4$ 的时候，研究者设置特定的测量方向可以得到量子贝尔关联概率 P_B 的最大违反界限值。由此看来，能得到最大违反界限值的纠缠态并不是自旋单态的形式，这与以前普遍认知的自旋单态可以得到最大违反界限值的理念是不同的。

3.4 双光子偏振纠缠态

在量子信息实验上扮演着重要的角色是偏振纠缠光子对[76-78]，并不是两粒子纠缠态的自旋状态。本节将重新探讨以下两种情况：当双光子处于相互垂直偏振的纠缠态与相互平行偏振的纠缠态下，扩展贝尔不等式是否会被违反，以及这两种双光子偏振纠缠态下扩展贝尔不等式被违反的最大界限值是否与自旋系统中所观察到的最大违反界限相一致。

3.4.1 相互垂直偏振的纠缠光子对

与第 2.5.1 节的研究方法相同，一个相互垂直偏振的纠缠光子对可以表示为

$$|\psi\rangle=c_1|e_x,e_y\rangle+c_2|e_y,e_x\rangle$$

将它的密度算符 $\hat{\rho}$ 分为局域项和非局域项，那么，局域部分的密度算符矩阵元素表示为

$$\begin{cases}\rho_{11}^{\mathrm{lc}}=\sin^2\xi\cos^2\phi_a\sin^2\phi_b+\cos^2\xi\sin^2\phi_a\cos^2\phi_b\\ \rho_{22}^{\mathrm{lc}}=\sin^2\xi\cos^2\phi_a\cos^2\phi_b+\cos^2\xi\sin^2\phi_a\sin^2\phi_b\\ \rho_{33}^{\mathrm{lc}}=\sin^2\xi\sin^2\phi_a\sin^2\phi_b+\cos^2\xi\cos^2\phi_a\cos^2\phi_b\\ \rho_{44}^{\mathrm{lc}}=\sin^2\xi\sin^2\phi_a\cos^2\phi_b+\cos^2\xi\cos^2\phi_a\sin^2\phi_b\end{cases}\tag{3.31}$$

非局域密度算符矩阵元素是

$$\rho_{11}^{\mathrm{nlc}}=\rho_{44}^{\mathrm{nlc}}=-\rho_{22}^{\mathrm{nlc}}=-\rho_{33}^{\mathrm{nlc}}=\frac{1}{4}\sin(2\xi)\cos(2\eta)\sin(2\phi_a)\sin(2\phi_b)\tag{3.32}$$

根据式(3.31)，我们可以推导出局域测量结果的关联概率，其表达为

$$P_{\mathrm{lc}}(\boldsymbol{a},\boldsymbol{b})=\rho_{11}^{\mathrm{lc}}-\rho_{22}^{\mathrm{lc}}-\rho_{33}^{\mathrm{lc}}+\rho_{44}^{\mathrm{lc}}=-\cos(2\phi_a)\cos(2\phi_b)\tag{3.33}$$

根据式(3.33)，我们很容易证明扩展贝尔不等式的成立，如下所示

$$P_{\mathrm{B}}^{\mathrm{lc}}\leqslant|\cos(2\phi_b)-\cos(2\phi_c)|-|\cos(2\phi_b)\cos(2\phi_c)|\leqslant 1\tag{3.34}$$

根据式(3.32)，我们推导出非局域测量结果关联概率，其表示为

$$P_{\mathrm{nlc}}(\boldsymbol{a},\boldsymbol{b})=\sin(2\xi)\cos(2\eta)\sin(2\phi_a)\sin(2\phi_b)\tag{3.35}$$

综合考虑局域部分和非局域部分的影响后，我们可以得出总的量子测量结果的关联概率，其表示为

$$P(\boldsymbol{a},\boldsymbol{b})=-\cos(2\phi_a)\cos(2\phi_b)+\sin(2\xi)\cos(2\eta)\sin(2\phi_a)\sin(2\phi_b)\tag{3.36}$$

那么，量子贝尔关联概率表示为

$$\begin{aligned}P_{\mathrm{B}}=&\left|\begin{array}{l}-\cos(2\phi_a)\cos(2\phi_b)+\sin(2\xi)\cos(2\eta)\sin(2\phi_a)\sin(2\phi_b)\\+\cos(2\phi_a)\cos(2\phi_c)-\sin(2\xi)\cos(2\eta)\sin(2\phi_a)\sin(2\phi_c)\end{array}\right|\\&-|-\cos(2\phi_b)\cos(2\phi_c)+\sin(2\xi)\cos(2\eta)\sin(2\phi_b)\sin(2\phi_c)|\end{aligned}\tag{3.37}$$

进一步化简上式，我们可以得到违反扩展贝尔不等式的最大界限值

$$P_{\mathrm{B}}\leqslant|-\cos[2(\phi_a+\phi_b)]+\cos[2(\phi_a+\phi_c)]|\leqslant 2\tag{3.38}$$

根据式(3.37)，我们可以较为容易地观测纠缠态

$$|\psi\rangle=\frac{1}{\sqrt{2}}(|e_x,e_y\rangle+|e_y,e_x\rangle) \tag{3.39}$$

它导致扩展贝尔不等式的最大违反界限值是 $P_{\mathrm{B}}^{\max}=2$。此时，任意三个测量方向的方位角分别设置为 $\phi_a=\pi/8$，$\phi_b=3\pi/8$ 和 $\phi_c=15\pi/8$。也就是说，双光子偏振的三个测量方向之间的关系为：$\boldsymbol{b}$ 方向垂直于 $\boldsymbol{c}$ 方向，方向 $\boldsymbol{a}$ 和 $\boldsymbol{c}$ 之间夹角为 $\pi/4$。我们再考虑双光子偏振纠缠态的如下形式

$$|\psi_{\mathrm{s}}\rangle=\frac{1}{\sqrt{2}}(|e_x,e_y\rangle-|e_y,e_x\rangle) \tag{3.40}$$

式(3.40)在形式上与自旋单态的表达式相似，但有所不同的是，式(3.40)中描述的是水平偏振和垂直偏振的状态，而自旋单态则体现了自旋向上和自旋向下这两种状态。在计算此时的量子贝尔关联概率时，我们发现其值并未达到扩展贝尔不等式的最大违反界限值 2。在具体的测量设置中，我们选择了三个特定的方向，这些方向的方位角分别被设定为 $\phi_a=3\pi/8$，$\phi_b=\pi/4$ 和 $\phi_c=0$。

3.4.2 相互平行偏振的纠缠光子对

相互平行偏振的纠缠光子对表示为

$$|\psi\rangle=c_1|e_x,e_x\rangle+c_2|e_y,e_y\rangle$$

研究者可以得到局域部分的密度算符矩阵元素是

$$\begin{cases}\rho_{11}^{\mathrm{lc}}=\sin^2\xi\cos^2\phi_a\cos^2\phi_b+\cos^2\xi\sin^2\phi_a\sin^2\phi_b\\ \rho_{22}^{\mathrm{lc}}=\sin^2\xi\cos^2\phi_a\sin^2\phi_b+\cos^2\xi\sin^2\phi_a\cos^2\phi_b\\ \rho_{33}^{\mathrm{lc}}=\sin^2\xi\sin^2\phi_a\cos^2\phi_b+\cos^2\xi\cos^2\phi_a\sin^2\phi_b\\ \rho_{44}^{\mathrm{lc}}=\sin^2\xi\sin^2\phi_a\sin^2\phi_b+\cos^2\xi\cos^2\phi_a\cos^2\phi_b\end{cases} \tag{3.41}$$

非局域部分的密度算符矩阵元素是

$$\rho_{11}^{\mathrm{nlc}}=\rho_{44}^{\mathrm{nlc}}=-\rho_{22}^{\mathrm{nlc}}=-\rho_{33}^{\mathrm{nlc}}=\frac{1}{4}\sin(2\xi)\cos(2\eta)\sin(2\phi_a)\sin(2\phi_b) \tag{3.42}$$

根据式(3.41)，研究者可以推导出局域的测量结果关联概率，其表示为

$$P_{\mathrm{lc}}(\boldsymbol{a},\boldsymbol{b})=\cos(2\phi_a)\cos(2\phi_b) \tag{3.43}$$

它与相互垂直偏振纠缠光子对的式(3.33)相比差了一个符号。它与

相互垂直偏振纠缠态的式(3.33)在形式上是一致的，如果仅考虑其中的局域部分，那么扩展贝尔不等式是成立的。这意味着，在没有非局域部分贡献的情况下，该系统的行为符合经典概率统计的预期，不会违反扩展贝尔不等式。非局域部分的测量结果关联概率表示为

$$P_{\mathrm{nlc}}(\boldsymbol{a},\boldsymbol{b})=\sin(2\xi)\cos(2\eta)\sin(2\phi_a)\sin(2\phi_b) \tag{3.44}$$

总的测量结果关联概率表示为

$$P(\boldsymbol{a},\boldsymbol{b})=\cos(2\phi_a)\cos(2\phi_b)+\sin(2\xi)\cos(2\eta)\sin(2\phi_a)\sin(2\phi_b) \tag{3.45}$$

那么，量子贝尔关联概率表示形式如下

$$P_{\mathrm{B}}=|\cos(2\phi_a)[\cos(2\phi_b)-\cos(2\phi_c)]+\sin(2\xi)\cos(2\eta)\sin(2\phi_a)[\sin(2\phi_b)-\sin(2\phi_c)]|-|\cos(2\phi_b)\cos(2\phi_c)+\sin(2\xi)\cos(2\eta)\sin(2\phi_b)\sin(2\phi_c)| \tag{3.46}$$

根据式(3.46)，研究者可以得到扩展贝尔不等式的最大违反界限 $P_{\mathrm{B}}\leqslant P_{\mathrm{B}}^{\max}=2$。假设一个相互平行偏振的纠缠光子对写为

$$|\psi\rangle=\frac{1}{\sqrt{2}}(|e_x,e_x\rangle-|e_y,e_y\rangle) \tag{3.47}$$

在该纠缠态下，研究者可以得到扩展贝尔不等式的最大违反界限值，其表示为 $P_{\mathrm{B}}^{\max}=2$。此时三个方位角只需要分别取值为 $\phi_a=\pi/8$，$\phi_b=3\pi/8$ 和 $\phi_c=15\pi/8$。

本章小结

运用自旋相干态量子概率统计的方法，研究者可以用统一的形式描述扩展贝尔不等式及其违反。态密度算符由局域和非局域两部分构成。其中，局域部分与扩展贝尔不等式的成立相对应，而非局域部分则体现了组成纠缠态的两个粒子间的相干干涉现象，这是导致扩展贝尔不等式被违反的核心要素。原本适用于自旋单态的贝尔不等式已被推广至一个更通用的形式，即扩展贝尔不等式，该不等式适用于任意系数的两粒子反平行自旋极化纠缠态和平行自旋极化纠缠态。迄今为止，实验上对于贝尔不等式的违反主要聚焦于 CHSH 形式，因为 CHSH 不等式提供了一个明确的最大违反界限。与 CHSH 不等式相比，扩展贝尔不等式的成立条件（$P_{\mathrm{B}}^{\mathrm{lc}}\leqslant 1$）有所不同，其最大违反界限值为 2，这一值是成立界限值的两倍。而

CHSH 不等式的成立条件（$P^{\mathrm{lc}}_{\mathrm{CHSH}} \leqslant 2$）及其最大违反界限值（$2\sqrt{2}$）与具体的系数有关，违反界限值是成立界限值的$\sqrt{2}$倍。

本章指出，将扩展贝尔不等式应用于实验验证其违反情况是相当便捷的，未来有望得到实验物理学者的广泛应用。此外，本章还揭示了量子贝尔关联概率最大违反界限值的取得不仅与三个测量方向的设置有关，还与纠缠态的两个叠加系数（即态参数）的选取密切相关。值得注意的是，对于自旋单态而言，其最大违反界限值并未达到可能的最大值，这与普遍认知存在差异。扩展贝尔不等式及其违反现象同样适用于纠缠光子对。本章分别探讨了反平行和平行自旋极化纠缠态以及双光子偏振纠缠态等多种情况，对扩展贝尔不等式的成立和违反界限值进行了详细阐述。同时，采用自旋相干态量子概率统计方法，以统一的形式表示了两个纠缠粒子的测量结果关联概率。

在量子力学中，导致贝尔不等式被违反的关键因素涉及多个方面。第一，贝尔不等式的违反与量子纠缠态密切相关。量子纠缠是指两个或多个粒子之间存在着“无论其距离有多远，都无法用经典物理学解释”的相互依赖关系。当系统处于纠缠态时，测量一个粒子的状态会立即影响到另一个粒子的状态，即使它们之间的距离很远。第二，贝尔不等式的成立依赖于局域实在论及隐变量理论，即假设预先确定了物理系统的属性，并且这些属性在测量之前就存在。然而，量子力学中的纠缠态否定了这个假设，表明量子系统在测量之前没有确定的属性，其行为具有非局域性。第三，贝尔不等式的推导基于确定性假设，即测量结果的取值是事先决定好的，只是我们对这些值不完全了解。然而，量子力学表明，测量结果具有概率性，即无法准确预测结果。因此，研究者放弃了使用确定性假设解释贝尔不等式的违反。第四，贝尔不等式的推导还假设实验者在进行测量时具有完全的自由选择。然而，量子力学中的测量过程会受到测量选择的影响，这也是导致贝尔不等式被违反的因素之一。综上所述，贝尔不等式的违反需要考虑量子纠缠、非局域性、确定性假设的放弃以及测量选择的自由性等因素。这些因素是量子力学与经典物理学之间的重要区别，并对我们对于物理世界的认识提出了挑战。

关于第 3.1 节中适用于平行自旋极化纠缠态的修正贝尔不等式的经典证明，我们做出如下补充。首先，平行自旋极化纠缠态是

$$|\psi\rangle = c_1|+,+\rangle + c_2|-,-\rangle$$

观测者分别沿着 $\boldsymbol{a}$ 和 $\boldsymbol{b}$ 两个任意方向测量两粒子的自旋关联结果的期望值，其表示为

$$P(\boldsymbol{a},\boldsymbol{b}) = \int \rho(\lambda) A(\boldsymbol{a},\lambda) B(\boldsymbol{b},\lambda) \mathrm{d}\lambda$$

且 $\rho(\lambda)$ 是隐变量的概率密度分布，λ 是隐变量。测量方向 $\boldsymbol{a}$ 和隐变量 λ 共同决定了第一个粒子的自旋测量结果，其公式表示为 $A(\boldsymbol{a},\lambda)=\pm 1$。测量方向 $\boldsymbol{b}$ 和隐变量 λ 共同决定了第二个粒子的自旋测量结果，其公式表示为 $B(\boldsymbol{b},\lambda)=\pm 1$。对于平行自旋极化纠缠态而言，两粒子沿着同一方向的测量结果相同，表示为 $A(\boldsymbol{b},\lambda)=B(\boldsymbol{b},\lambda)$。那么测量结果的期望值重新表示为

$$P(\boldsymbol{a},\boldsymbol{b}) = \int \rho(\lambda) A(\boldsymbol{a},\lambda) A(\boldsymbol{b},\lambda) \mathrm{d}\lambda$$

存在以下等式

$$P(\boldsymbol{a},\boldsymbol{b}) - P(\boldsymbol{a},\boldsymbol{c}) = \int \rho(\lambda) A(\boldsymbol{a},\lambda) A(\boldsymbol{b},\lambda) [1 - A(\boldsymbol{b},\lambda) A(\boldsymbol{c},\lambda)] \mathrm{d}\lambda$$

从而，我们推导出修正贝尔不等式，有

$$\begin{aligned} &|P(\boldsymbol{a},\boldsymbol{b}) - P(\boldsymbol{a},\boldsymbol{c})| \\ &\leqslant \int \rho(\lambda) [1 - A(\boldsymbol{b},\lambda) A(\boldsymbol{c},\lambda)] \mathrm{d}\lambda \\ &= 1 - P(\boldsymbol{b},\boldsymbol{c}) \end{aligned}$$

其中，$\rho(\lambda)$ 是归一化概率密度分布，满足条件 $\int \rho(\lambda)\mathrm{d}\lambda = 1$。我们证明了适用于平行自旋极化纠缠态的修正贝尔不等式的成立，有

$$1 - P_{\mathrm{lc}}(\boldsymbol{b},\boldsymbol{c}) \geqslant |P_{\mathrm{lc}}(\boldsymbol{a},\boldsymbol{b}) - P_{\mathrm{lc}}(\boldsymbol{a},\boldsymbol{c})|$$

修正贝尔不等式的提出，可以被视为对贝尔不等式的一种直观的在形式上的扩展。它的出现解决了“平行自旋极化纠缠态不违反原有贝尔不等式”的问题，从而极大地拓宽了贝尔不等式的研究和应用空间，使其更加丰富多样。

第4章

纠缠猫态的测量结果关联和几何相位诱导的自旋宇称效应

是否所有的纠缠态都会违反贝尔不等式呢？为了解决这个问题，本章将研究的纠缠态扩展到任意自旋的纠缠猫态或贝尔猫态。1935 年，奥地利物理学家埃尔温·薛定谔提出了“猫态”（也被称为“薛定谔猫态”）的概念。它是量子力学中的一个思想实验，旨在探讨量子叠加原理的奇特性质。在薛定谔猫态思想实验中，研究者考虑一个封闭的箱子，里面有一只猫、一个放射性物质样品以及一个测量装置。当放射性物质发生衰变时，会释放出一个粒子，触发测量装置，并根据测量结果杀死或保护猫。根据经典物理学的观点，猫要么是活着的状态，要么是死亡的状态，这是一个确定性的状态。然而，在量子力学中，根据叠加原理，研究者可以将猫的量子状态表示为一个叠加态，即既是“活”的状态又是“死”的状态。这意味着在未进行实际测量之前，猫处于活着和死亡两种可能性的叠加状态。只有当研究者打开箱子并观察到猫的状态时，才能确定它是活着还是死亡的状态。薛定谔猫态思想实验强调了量子力学中测量和观察的奇特性质。在叠加态下，物体可以同时处于多个可能的状态，直到进行测量才能确定其具体状态。这与我们在日常生活中观察到的经典物理学规律有所不同，因为经典物理学中的物体只能处于一个确定的状态。薛定谔猫态思想实验引发了人们对量子力学基本原理的深入思考，以及对测量和观察在量子系统中的角色和影响的讨论。它在量子力学教学和科学普及中也被广泛引用，以帮助人们理解量子力学的奇异性和非直观性。薛定谔指出宏观不同态的任何量子叠加称为宏观量子态，从而产生了海森堡不确定性原理。1927 年，德国物理学家维尔纳·海森堡提出了量子力学中的海森堡不确定性原理（也称为海森堡测不准原理）。它表明，在一些物理量的测量中，存在一种固有的限制，即无法同时精确确定这些物理量的取值。海森堡不确定性原理的一个常见形式是动量-位置不确定性关系，也称为位置-动量不确定性关系。这种关系可以用数学公式表示为：$\Delta x \Delta p \geqslant h/4\pi$，其中，$\Delta x$ 代表位置的不确定度，Δp 代表动量的不确定度，h 是普朗克常数。这个不确定性关系的意义是，当我们试图精确测量一个粒子的位置时，其动量的测量将变得更加模糊，反之亦然。换句话说，我们不能同时知道一个粒子的位置和动量的精确值。这并不是由于我们的测量工具或技术的限制，而是量子力学本身的固有性质。海森堡不确定性原理反映了量子世界的非经典特性。它指出了在微观尺度下，粒子的行为与我们通常在宏观世界中观察到的经典物理规律有所不同。在量子力学中，粒子不像经典物体一样具有确定的位置和动量，而是存在概率分布和波粒二象性。

鉴于薛定谔的一系列研究工作，在过去的几十年里，科学家们非常关注薛定谔猫态[80,81]。理论和实验上检验任意自旋的纠缠猫态的贝尔关联具有重要意义。贝尔不等式的违反和量子态的相位效应都被认为是量子力学中的非局域现象。这里所说的量子态的相位效应包括阿哈罗诺夫-玻姆相位（简称 AB 相位）和 Berry 相位。Berry 相位在第 1 章已经给出了具体描述，那么下面解释 AB 相位。1959 年，物理学家亚基尔·阿哈罗诺夫和戴维·玻姆共同提出了 AB 相位的概念，并且对当时传统的经典物理观念提出了挑战。传统的电动力学认为只有电荷在磁场中运动时才会受到磁力的作用，而认为磁矢势 $\boldsymbol{A}$ 是无法直接观测或测量的物理量。然而，阿哈罗诺夫和玻姆提出了一个反直觉的观点，那就是即使在没有磁场的区域内，磁矢势 $\boldsymbol{A}$ 也会对带电粒子的波函数产生可观察的影响。

根据量子力学的原理，粒子的波函数可以由一个相位因子来描述，即 $e^{i\phi}$，其中，ϕ 是与粒子状态相关的相位。在经典电磁学中，$\boldsymbol{A}$ 矢势以矢势-矢势耦合项的形式出现。然而，AB 效应表明，即使粒子完全避开磁场区域，$\boldsymbol{A}$ 矢势仍然可以通过这个耦合项改变粒子的相位。在 AB 效应中，考虑一个带电粒子在两个磁场之间的干涉实验。尽管粒子路径完全避开了磁场区域，但是由于 $\boldsymbol{A}$ 矢势的存在，粒子的波函数会获得额外的相位。这个额外的相位就是 AB 相位，可以通过下面的公式来计算：$\Phi_{AB} = (q/\hbar)\int A\mathrm{d}l$。其中，$\Phi_{AB}$ 是 AB 相位，q 是电荷量，$\hbar$ 代表约化普朗克常数，$\boldsymbol{A}$ 是磁矢势，$\mathrm{d}l$ 是路径元素。研究者可以通过一系列干涉实验去验证 AB 相位的存在。例如，在双缝实验中，即使只有一个缝隙允许粒子通过，AB 相位也会对干涉图案产生可观察的影响。AB 相位解释了磁矢势的物理意义以及其对带电粒子的波函数的影响。它突破了传统的电磁学框架，揭示了磁场的非局域性质和磁矢势的重要性。AB 相位的引入对于理解电磁场与粒子相互作用的方式提供了新的视角，同时也在理论和实验研究中发挥了重要作用。这一概念的提出推动了人们对量子力学基本原理以及电磁场与粒子相互作用的理解，并在许多领域（如凝聚态物理、量子信息科学等方面）都有着广泛的应用。

本章研究的一个主要目标是试图根据纠缠猫态建立起贝尔不等式的违反与量子态的相位效应之间的关系。第 4.1 节检验了自旋 3/2 纠缠猫态的贝尔关联，它并没有导致贝尔不等式的违反，这是由于在量子概率统计下非局域干涉部分消失了。贝尔不等式的无违反也发生在任意自旋 s 的纠缠猫态。第 4.2 节研究了测量结果局限于自旋相干态的子空间时的自旋宇称效应。本章研究发现了一个适用于一般纠缠猫态的普适贝尔类型不等式，并描述了普适贝尔类型不等式的最大违反和最大违反时对应的纠缠猫态。最后在经典概率统计的基础上，我们推导了普适贝尔类型不等式的证明过程。

4.1 整个希尔伯特空间中自旋态的测量

在量子力学中，希尔伯特空间是描述量子系统状态的数学框架。它是由数学家戴维·希尔伯特提出的一种特殊的向量空间，在量子力学中被广泛应用。希尔伯特空间是一个无限维的复向量空间，其中的向量被称为态矢量或波函数。这些态矢量描述了量子系统的状态，可以包含所有可能的观测结果信息。希尔伯特空间具有以下几个重要特性。第一，希尔伯特空间中的向量可以进行内积运算，用来表示两个向量之间的相似度。内积运算满足线性性、对称性和正定性等性质。第二，在希尔伯特空间中，如果内积为零，则两个不同的态矢量是彼此正交的态矢量。这反映了量子力学中的互斥性原理，即不同测量结果的态之间是正交的关系。第三，希尔伯特空间中的一组态矢量集合被称为基矢量或正交归一基。它们可以通过线性组合构建出整个希尔伯特空间中的任意一个态矢量，因此基矢量具有完备性。第四，在希尔伯特空间中，每个态矢量都具有单位范数，即其自身的模长为 1。这符合量子力学中的归一化条件，确保概率解释的可行性。希尔伯特空间提供了一种数学语言来描述和计算量子系统的性质和演化。希尔伯特空间上的算符可以描述量子系统的测量、演化以及各种物理量的运算。希尔伯特空间的结构和性质是量子力学理论建立和发展的重要基础。

本节考虑了在整个希尔伯特空间中的自旋测量结果。研究表明，由于在量子概率统计中非局域干涉的消失，自旋 3/2 纠缠猫态的贝尔关联没有导致贝尔不等式的违反。在任意系数的高自旋纠缠猫态中，我们也观察到了贝尔不等式未被违反的现象。在之前的研究工作中[71]，研究者发现，

自旋为 1 的两粒子纠缠猫态是

$$|\psi\rangle=c_1|+1,-1\rangle+c_2|-1,+1\rangle$$

此时贝尔不等式没有发生违反。以下内容将探讨自旋为 3/2 的纠缠猫态，并进一步将其概念扩展到任意自旋的纠缠猫态。

4.1.1 自旋为 3/2 的纠缠猫态

首先，反平行自旋极化的自旋为 3/2 的纠缠猫态是

$$|\psi\rangle=c_1\left|+\frac{3}{2},-\frac{3}{2}\right\rangle+c_2\left|-\frac{3}{2},+\frac{3}{2}\right\rangle \tag{4.1}$$

这里的归一化系数是 $c_1=\mathrm{e}^{\mathrm{i}\eta}\sin\xi$ 和 $c_2=\mathrm{e}^{-\mathrm{i}\eta}\cos\xi$，其中 ξ 和 η 表示任意实数。利用量子概率统计，观测者分别沿着 $\boldsymbol{a}$、$\boldsymbol{b}$ 两个随机方向观测粒子的自旋状态并且得到测量结果关联概率有

$$P(\boldsymbol{a},\boldsymbol{b})=T\boldsymbol{r}\left[\hat{\Omega}(\boldsymbol{a},\boldsymbol{b})\hat{\rho}\right] \tag{4.2}$$

其中，两粒子自旋关联算符表示为 $\hat{\Omega}(\boldsymbol{a},\boldsymbol{b})=(\hat{s}\cdot\boldsymbol{a})\otimes(\hat{s}\cdot\boldsymbol{b})$。纠缠态的密度算符 $\hat{\rho}$ 分为局域和非局域部分

$$\hat{\rho}=\hat{\rho}_{\mathrm{lc}}+\hat{\rho}_{\mathrm{nlc}}$$

这两部分分别表示为

$$\hat{\rho}_{\mathrm{lc}}=\sin^2\xi\left|+\frac{3}{2},-\frac{3}{2}\right\rangle\left\langle+\frac{3}{2},-\frac{3}{2}\right|+\cos^2\xi\left|-\frac{3}{2},+\frac{3}{2}\right\rangle\left\langle-\frac{3}{2},+\frac{3}{2}\right|$$

$$\hat{\rho}_{\mathrm{nlc}}=\sin\xi\cos\xi\left(\mathrm{e}^{2\mathrm{i}\eta}\left|+\frac{3}{2},-\frac{3}{2}\right\rangle\left\langle-\frac{3}{2},+\frac{3}{2}\right|+\mathrm{e}^{-2\mathrm{i}\eta}\left|-\frac{3}{2},+\frac{3}{2}\right\rangle\left\langle+\frac{3}{2},-\frac{3}{2}\right|\right)$$

那么，局域项测量结果关联概率表示为

$$P_{\mathrm{lc}}(\boldsymbol{a},\boldsymbol{b})=T\boldsymbol{r}\left[\hat{\Omega}(\boldsymbol{a},\boldsymbol{b})\hat{\rho}_{\mathrm{lc}}\right] \tag{4.3}$$

以及非局域项测量结果关联概率表示为

$$P_{\mathrm{nlc}}(\boldsymbol{a},\boldsymbol{b})=T\boldsymbol{r}\left[\hat{\Omega}(\boldsymbol{a},\boldsymbol{b})\hat{\rho}_{\mathrm{nlc}}\right] \tag{4.4}$$

在量子概率统计中，研究者必须考虑自旋投影算符 $\hat{s}\cdot\boldsymbol{a}$ 和 $\hat{s}\cdot\boldsymbol{b}$ 的本征态的完备集合。通过求解自旋投影算符的本征方程 $\hat{s}\cdot\boldsymbol{r}|r_m\rangle=m|r_m\rangle$ $(\hbar=1)$，研究者得到了沿着任意方向 $\boldsymbol{r}$ 的自旋投影算符的本征态，其中自旋磁量子数是 $m=3/2$，$1/2$，$-1/2$，$-3/2$。根据极化角 θ_r 和方位角

ϕ_r 参数化的单位矢量 $\boldsymbol{r}=(\sin\theta_r\cos\phi_r,\sin\theta_r\sin\phi_r,\cos\theta_r)$，研究者可以推导出 4 个本征态的表示形式

$$
\begin{cases}
|r_{3/2}\rangle=\cos^3\dfrac{\theta_r}{2}\left|+\dfrac{3}{2}\right\rangle+\sqrt{3}\sin\dfrac{\theta_r}{2}\cos^2\dfrac{\theta_r}{2}\mathrm{e}^{\mathrm{i}\phi_r}\left|+\dfrac{1}{2}\right\rangle \\
\qquad +\sqrt{3}\sin^2\dfrac{\theta_r}{2}\cos\dfrac{\theta_r}{2}\mathrm{e}^{2\mathrm{i}\phi_r}\left|-\dfrac{1}{2}\right\rangle+\sin^3\dfrac{\theta_r}{2}\mathrm{e}^{3\mathrm{i}\phi_r}\left|-\dfrac{3}{2}\right\rangle \\
|r_{-3/2}\rangle=\sin^3\dfrac{\theta_r}{2}\left|+\dfrac{3}{2}\right\rangle-\sqrt{3}\sin^2\dfrac{\theta_r}{2}\cos\dfrac{\theta_r}{2}\mathrm{e}^{\mathrm{i}\phi_r}\left|+\dfrac{1}{2}\right\rangle \\
\qquad +\sqrt{3}\sin\dfrac{\theta_r}{2}\cos^2\dfrac{\theta_r}{2}\mathrm{e}^{2\mathrm{i}\phi_r}\left|-\dfrac{1}{2}\right\rangle-\cos^3\dfrac{\theta_r}{2}\mathrm{e}^{3\mathrm{i}\phi_r}\left|-\dfrac{3}{2}\right\rangle \\
|r_{1/2}\rangle=\sqrt{3}\sin\dfrac{\theta_r}{2}\cos^2\dfrac{\theta_r}{2}\left|+\dfrac{3}{2}\right\rangle-\left(1-3\sin^2\dfrac{\theta_r}{2}\right)\cos\dfrac{\theta_r}{2}\mathrm{e}^{\mathrm{i}\phi_r}\left|+\dfrac{1}{2}\right\rangle \\
\qquad +\left(1-3\cos^2\dfrac{\theta_r}{2}\right)\sin\dfrac{\theta_r}{2}\mathrm{e}^{2\mathrm{i}\phi_r}\left|-\dfrac{1}{2}\right\rangle-\sqrt{3}\sin^2\dfrac{\theta_r}{2}\cos\dfrac{\theta_r}{2}\mathrm{e}^{3\mathrm{i}\phi_r}\left|-\dfrac{3}{2}\right\rangle \\
|r_{-1/2}\rangle=\sqrt{3}\sin^2\dfrac{\theta_r}{2}\cos\dfrac{\theta_r}{2}\left|+\dfrac{3}{2}\right\rangle+\left(1-3\cos^2\dfrac{\theta_r}{2}\right)\sin\dfrac{\theta_r}{2}\mathrm{e}^{\mathrm{i}\phi_r}\left|+\dfrac{1}{2}\right\rangle \\
\qquad +\left(1-3\sin^2\dfrac{\theta_r}{2}\right)\cos\dfrac{\theta_r}{2}\mathrm{e}^{2\mathrm{i}\phi_r}\left|-\dfrac{1}{2}\right\rangle+\sqrt{3}\sin\dfrac{\theta_r}{2}\cos^2\dfrac{\theta_r}{2}\mathrm{e}^{3\mathrm{i}\phi_r}\left|-\dfrac{3}{2}\right\rangle
\end{cases}
\tag{4.5}
$$

式(4.5) 中仅有两个特定的态 $|r_{\pm s}\rangle$ ($s=3/2$) 是广为人知的自旋相干态（也被称作宏观量子态），它们满足最小不确定性关系。沿着任意两个方向（设为方向 $\boldsymbol{a}$ 和方向 $\boldsymbol{b}$）的测量结果之间的关联概率是通过对 16 个测量基矢求迹得出的。这 16 个测量基矢可以进一步被分组和列举出来

$$|+,+\rangle=\{|a_{1/2},b_{1/2}\rangle,|a_{1/2},b_{3/2}\rangle,|a_{3/2},b_{1/2}\rangle,|a_{3/2},b_{3/2}\rangle\}$$
$$|+,-\rangle=\{|a_{1/2},b_{-1/2}\rangle,|a_{1/2},b_{-3/2}\rangle,|a_{3/2},b_{-1/2}\rangle,|a_{3/2},b_{-3/2}\rangle\}$$
$$|-,+\rangle=\{|a_{-1/2},b_{1/2}\rangle,|a_{-1/2},b_{3/2}\rangle,|a_{-3/2},b_{1/2}\rangle,|a_{-3/2},b_{3/2}\rangle\}$$
$$|-,-\rangle=\{|a_{-1/2},b_{-1/2}\rangle,|a_{-1/2},b_{-3/2}\rangle,|a_{-3/2},b_{-1/2}\rangle,|a_{-3/2},b_{-3/2}\rangle\}$$

上式中的标记 $|a_m, b_{m'}\rangle$ 表示自旋投影算符的乘积本征态，且 m 和 m' 分别表示为沿着 $\boldsymbol{a}$、$\boldsymbol{b}$ 方向测量的本征值。上式中每一组都包含 4 个本征态，一共组成 4 组测量结果基矢量。根据式(4.3)，局域部分的测量结

果关联概率用简单的代数表示为

$$P_{\mathrm{lc}}(\boldsymbol{a},\boldsymbol{b})=-\frac{9}{4}\cos\theta_a\cos\theta_b \tag{4.6}$$

根据式(4.4)，作用在本征态完备集合的量子概率统计下，测量结果关联概率的非局域项消失了，其表达式为

$$P_{\mathrm{nlc}}(\boldsymbol{a},\boldsymbol{b})=0$$

我们可以定义归一化关联概率为

$$p(\boldsymbol{a},\boldsymbol{b})=P(\boldsymbol{a},\boldsymbol{b})/s^2 \tag{4.7}$$

然后，贝尔关联概率[71] 表示为

$$p(\boldsymbol{a},\boldsymbol{b})=p_{\mathrm{lc}}(\boldsymbol{a},\boldsymbol{b})=-\cos\theta_a\cos\theta_b$$

上述推导过程证实了，在反平行自旋极化的自旋为 3/2 的纠缠猫态下，贝尔不等式不会被违反。

平行自旋极化的自旋为 3/2 的纠缠猫态是

$$|\psi\rangle=c_1\left|+\frac{3}{2},+\frac{3}{2}\right\rangle+c_2\left|-\frac{3}{2},-\frac{3}{2}\right\rangle$$

态密度算符的局域和非局域部分分别是

$$\hat{\rho}_{\mathrm{lc}}=\sin^2\xi\left|+\frac{3}{2},+\frac{3}{2}\right\rangle\left\langle+\frac{3}{2},+\frac{3}{2}\right|+\cos^2\xi\left|-\frac{3}{2},-\frac{3}{2}\right\rangle\left\langle-\frac{3}{2},-\frac{3}{2}\right|$$

$$\hat{\rho}_{\mathrm{nlc}}=\sin\xi\cos\xi\left(\mathrm{e}^{2\mathrm{i}\eta}\left|+\frac{3}{2},+\frac{3}{2}\right\rangle\left\langle-\frac{3}{2},-\frac{3}{2}\right|+\mathrm{e}^{-2\mathrm{i}\eta}\left|-\frac{3}{2},-\frac{3}{2}\right\rangle\left\langle+\frac{3}{2},+\frac{3}{2}\right|\right)$$

归一化的局域关联概率是

$$p_{\mathrm{lc}}(\boldsymbol{a},\boldsymbol{b})=\cos\theta_a\cos\theta_b$$

这个公式与平行自旋极化的自旋为 1/2 的纠缠猫态的贝尔关联概率完全相同[82]。非局域关联概率在量子概率统计下消失，$p_{\mathrm{nlc}}(\boldsymbol{a},\ \boldsymbol{b})=0$。本节研究总结了对于反平行和平行自旋极化的自旋为 3/2 的纠缠猫态而言，修正[72] 贝尔不等式和扩展[82] 贝尔不等式并没有发生违反。

$$|p(\boldsymbol{a},\boldsymbol{b})-p(\boldsymbol{a},\boldsymbol{c})|-|p(\boldsymbol{b},\boldsymbol{c})|\leqslant 1 \tag{4.8}$$

这表明，在测量基矢完备的情况下，反平行和平行自旋极化的自旋为 3/2 的纠缠猫态都不会导致扩展贝尔不等式的违反。

4.1.2 任意自旋纠缠猫态

任意系数的反平行自旋极化的自旋为 s 的纠缠猫态是

$$|\psi\rangle = c_1|+s,-s\rangle + c_2|-s,+s\rangle \tag{4.9}$$

研究者无法获得自旋投影算符 $\hat{s}\cdot\boldsymbol{r}$ 的所有（$2s+1$）个明确的解析本征态。通过计算自旋算符本征态上的迹（$\hat{s}_z|m\rangle = m|m\rangle$），我们可以求得测量结果的关联概率。它表示为

$$\begin{aligned} P(\boldsymbol{a},\boldsymbol{b}) &= \sum_{m_1,m_2}\langle m_1,m_2|\hat{\rho}\hat{\Omega}(\boldsymbol{a},\boldsymbol{b})|m_1,m_2\rangle \\ &= P_{\mathrm{lc}}(\boldsymbol{a},\boldsymbol{b}) + P_{\mathrm{nlc}}(\boldsymbol{a},\boldsymbol{b}) \end{aligned}$$

研究者通过直接计算得出局域的测量结果关联概率，它是

$$P_{\mathrm{lc}}(\boldsymbol{a},\boldsymbol{b}) = -s^2\cos\theta_a\cos\theta_b$$

此时，非局域项在（$2s+1$）^{2} 维基矢量的量子平均下消失了。

任意系数的平行自旋极化的自旋为 s 的纠缠猫态是

$$|\psi\rangle = c_1|+s,+s\rangle + c_2|-s,-s\rangle \tag{4.10}$$

局域部分的关联概率表示为

$$P_{\mathrm{lc}}(\boldsymbol{a},\boldsymbol{b}) = s^2\cos\theta_a\cos\theta_b$$

在量子平均下，非局域项消失了。本节通过分析反平行和平行自旋极化两种情况，得出了归一化的量子关联概率。归一化量子关联概率表示为

$$p(\boldsymbol{a},\boldsymbol{b}) = p_{\mathrm{lc}}(\boldsymbol{a},\boldsymbol{b})$$

对于除自旋为 1/2 以外的任意自旋纠缠猫态，扩展的贝尔不等式(4.8) 均不会出现违反现象。在任意自旋纠缠猫态时，测量基矢完备不会导致扩展贝尔不等式的违反。那么，测量基矢不完备会不会导致扩展贝尔不等式的违反呢？在第 4.2 节中，我们将探讨测量基矢不完备的情况，并带着相关疑问进行深入讨论。

4.2 限制在自旋相干态的子空间内的自旋结果测量

4.1 节通过详尽的计算过程，有力地证明了在量子概率统计框架下，对于任意自旋 s（$s\neq 1/2$）的纠缠猫态，贝尔不等式并未被违反。我们发现，当对本征态的完备集合进行平均后，测量结果的非局域关联概率会消失。这引发了一个有趣的问题：当测量值仅限于自旋相干态的子空间，即测量基矢不完备的情况，仅针对最大自旋值进行测量时，原有的贝尔不等式是否依然有效？为了解答这一问题，本节进一步研究自旋宇称效应，假

设条件是测量结果仅限于自旋相干态的子空间。在此基础上，针对一般的纠缠猫态，提出一个具有普遍适用性的贝尔类型不等式。同时，还展示在相应的纠缠猫态下，这个普遍适用的贝尔不等式所能达到的最大违反界限值。

4.2.1 两种纠缠猫态的自旋宇称效应

沿着单位矢量 $\boldsymbol{r}(\boldsymbol{r}=\boldsymbol{a},\ \boldsymbol{b})$ 的自旋投影算符 $\hat{s}\cdot\boldsymbol{r}$ 的本征方程表示为

$$\hat{s}\cdot\boldsymbol{r}|\pm r\rangle=\pm s|\pm r\rangle$$

其中，$|\pm r\rangle$ 代表着用 Dicke 态表示的自旋相干态[5]。20 世纪 50 年代，迪克（Dicke）提出了 Dicke 态。在经典物理中，当许多粒子处于同一个状态时，可以通过经典统计方法描述它们的行为。然而，在量子力学中，多粒子系统的行为不仅受到经典统计方法的影响，还受到量子叠加和纠缠等量子效应的影响。Dicke 态描述的是具有集体对称性的多粒子系统的态。这些系统通常包含一组自旋为 1/2 的粒子，比如自旋为 1/2 的原子或电子。研究者可以通过将每个粒子的自旋取向与总自旋的取向进行耦合来构造 Dicke 态。例如，研究者考虑一个由 N 个自旋为 1/2 的粒子组成的系统。Dicke 态定义为所有粒子自旋取向平行于某个固定的方向（通常是 z 轴）的态，同时总自旋为零。这意味着每个粒子的自旋可能朝上或朝下，但整个系统的总自旋为零，并且没有明确定义的方向。Dicke 态在凝聚态物理、量子信息科学和量子光学等领域中有广泛的应用。它们可以用于研究量子相变、量子相干、量子纠缠等现象。此外，Dicke 态还可以用于设计和实现集体态操控、量子存储和量子通信等任务。自旋相干态表示如下

$$|+r\rangle=\sum_{m=-s}^{s}\binom{2s}{s+m}^{1/2}K_r^{s+m}\Gamma_r^{s-m}\exp[\mathrm{i}(s-m)\phi_r]|m\rangle$$

$$|-r\rangle=\sum_{m=-s}^{s}\binom{2s}{s+m}^{1/2}K_r^{s-m}\Gamma_r^{s+m}\exp[\mathrm{i}(s-m)(\phi_r+\pi)]|m\rangle$$

其中

$$K_r^{s\pm m}=\left(\cos\frac{\theta_r}{2}\right)^{s\pm m}$$

$$\Gamma_r^{s\pm m}=\left(\sin\frac{\theta_r}{2}\right)^{s\pm m}$$

这两种正交态 $|\pm r\rangle$ 并称为南、北极规范下的自旋相干态。其中，

南、北极规范下的自旋相干态之间相差的相位因子 $\exp[\mathrm{i}(s-m)\pi]$ 在自旋宇称效应中起着至关重要的作用。自旋投影算符 $\hat{s}\cdot\boldsymbol{a}$ 和 $\hat{s}\cdot\boldsymbol{b}$ 的本征态之间的直积结果形成了与测量结果无关的基矢量，此时测量值被限制设定为最大自旋值 $\pm s$。为了简单起见，4 项测量基矢被标记为

$$|1\rangle=|+\boldsymbol{a},+\boldsymbol{b}\rangle,|2\rangle=|+\boldsymbol{a},-\boldsymbol{b}\rangle,|3\rangle=|-\boldsymbol{a},+\boldsymbol{b}\rangle,|4\rangle=|-\boldsymbol{a},-\boldsymbol{b}\rangle \tag{4.11}$$

通过对自旋相干态子空间的化简运算，我们可以将测量结果的关联概率分解为局域部分和非局域部分。测量结果关联概率表示为

$$P(\boldsymbol{a},\boldsymbol{b})=T\boldsymbol{r}\left[\hat{\Omega}(\boldsymbol{a},\boldsymbol{b})\hat{\rho}\right]=P_{\mathrm{lc}}(\boldsymbol{a},\boldsymbol{b})+P_{\mathrm{nlc}}(\boldsymbol{a},\boldsymbol{b})$$

根据归一化量子关联概率式(4.7)，局域部分的测量结果关联概率表示为

$$p_{\mathrm{lc}}(\boldsymbol{a},\boldsymbol{b})=\rho_{11}^{\mathrm{lc}}-\rho_{22}^{\mathrm{lc}}-\rho_{33}^{\mathrm{lc}}+\rho_{44}^{\mathrm{lc}}$$

非局域部分的测量结果关联概率表示为

$$p_{\mathrm{nlc}}(\boldsymbol{a},\boldsymbol{b})=\rho_{11}^{\mathrm{nlc}}-\rho_{22}^{\mathrm{nlc}}-\rho_{33}^{\mathrm{nlc}}+\rho_{44}^{\mathrm{nlc}}$$

其中，密度算符的矩阵元素（$i=1$，2，3，4）是

$$\rho_{ii}=\langle i|\hat{\rho}|i\rangle=\rho_{ii}^{\mathrm{lc}}+\rho_{ii}^{\mathrm{nlc}}$$

对于反平行自旋极化的纠缠猫态式(4.9）而言，局域部分的密度算符矩阵元素是

$$\rho_{11}^{\mathrm{lc}}=\sin^2\xi K_a^{4s}\Gamma_b^{4s}+\cos^2\xi\Gamma_a^{4s}K_b^{4s}$$

$$\rho_{22}^{\mathrm{lc}}=\sin^2\xi K_a^{4s}K_b^{4s}+\cos^2\xi\Gamma_a^{4s}\Gamma_b^{4s}$$

$$\rho_{33}^{\mathrm{lc}}=\sin^2\xi\Gamma_a^{4s}\Gamma_b^{4s}+\cos^2\xi K_a^{4s}K_b^{4s}$$

$$\rho_{44}^{\mathrm{lc}}=\sin^2\xi\Gamma_a^{4s}K_b^{4s}+\cos^2\xi K_a^{4s}\Gamma_b^{4s}$$

非局域部分的密度算符矩阵元素是

$$\rho_{11}^{\mathrm{nlc}}=\rho_{44}^{\mathrm{nlc}}=\sin2\xi K_a^{2s}\Gamma_a^{2s}K_b^{2s}\Gamma_b^{2s}\cos\left[2s(\phi_a-\phi_b)+2\eta\right] \tag{4.12}$$

和

$$\rho_{22}^{\mathrm{nlc}}=\rho_{33}^{\mathrm{nlc}}=(-1)^{2s}\rho_{11}^{\mathrm{nlc}} \tag{4.13}$$

值得注意的是，两粒子自旋在相同方向与相反方向上的非局域项，其密度矩阵元素之间存在一个相位因子的差异。该相位因子是 $(-1)^{2s}=\exp(\mathrm{i}2\pi s)$。这一相位因子的差异源于南、北极规范下的自旋相干态之间产生的几何相位。那么，归一化的局域关联概率是

$$p_{\mathrm{lc}}(\boldsymbol{a},\boldsymbol{b})=-(K_a^{4s}-\Gamma_a^{4s})(K_b^{4s}-\Gamma_b^{4s}) \tag{4.14}$$

而非局域关联概率化简为

$$p_{\mathrm{nlc}}(\boldsymbol{a},\boldsymbol{b})=2\left[1-(-1)^{2s}\right]\rho_{11}^{\mathrm{nlc}} \tag{4.15}$$

这一项在整数自旋时消失，而在半整数自旋时仍然存在。这种自旋宇称效应是几何相位导致的结果。自旋宇称效应也被称为自旋宇称反常，是一种在高能物理中观察到的现象。它涉及粒子的自旋和宇称之间的关系。在标准模型中，自旋和宇称是独立的物理量，它们分别描述了粒子的内禀角动量和空间坐标的变换性质。自旋可以取半整数或整数值，而宇称则表示物理系统经空间镜像操作后是否保持不变。然而，通过实验观测到的一些粒子衰变过程表明，自旋宇称效应违背了标准模型预言的结果。具体来说，自旋宇称效应指出，在某些衰变过程中，由于自旋和宇称的相互作用，一部分衰变通道的速率会显著偏离标准模型的预测。最早在 1956 年由李政道和杨振宁提出这个现象，并通过实验观测到了核子 β 衰变和超子衰变等过程中的自旋宇称反常。后来，在粒子物理的发展中，自旋宇称效应的观测得到了进一步的证实。自旋宇称效应的解释需要考虑弱相互作用的特殊性质。他们通过交换带电弱玻色子（如 $W^{\pm}$ 玻色子）来描述标准模型中的弱相互作用，而这种交换过程与粒子自旋和宇称之间的相互作用密切相关。自旋宇称效应的研究对于我们理解基本粒子的内部结构以及弱相互作用的性质具有重要意义。它也为物理学家提供了探索超越标准模型的新物理现象的线索。目前，科学家们正在进行更深入的实验和理论研究，以进一步揭示自旋宇称效应的本质。除了基础研究外，自旋宇称效应还具有一些实际应用，例如：自旋宇称效应在核反应中起着重要作用，可以帮助科学家们更好地理解和预测核能源的产生和转换过程。自旋宇称效应在医学成像中也有应用，例如磁共振成像技术就利用了核磁共振现象，其中自旋宇称效应是一个关键因素。自旋宇称效应也在材料科学中得到了广泛应用，例如在研究磁性材料、半导体和超导体等方面。

几何相位导致的自旋宇称效应是指在半整数自旋粒子（如费米子）的散射或幺正演化过程中，由于几何相位的贡献而产生的现象。这种效应通常被称为 Berry 相位或 Berry 曲率。在量子力学中，波函数的相位是非常重要的，它影响了粒子的性质和行为。Berry 相位是由物理系统的参数依赖性所引起的额外相位，是在闭合路径上积累的相位差。对于半整数自旋粒子，其波函数在一个完整的旋转周期内会多出一个 2π 的相位差。具体来说，考虑一个半整数自旋粒子在外部场中演化的情况。在每个时间步长内，粒子的态矢量会随着时间和空间坐标的变化而发生演化。这个演化可以用一个幺正算符来描述，称为演化算符或传播子。在一个闭合路径上，如果存在一些外部参数（如磁场强度、磁场方向等）的变化，那么粒子的波函数会随之发生改变，并积累一个额外的相位差，即 Berry 相位。这个额外的相位差是由于波函数的演化与路径围绕的拓扑性质相关联，而不仅仅取决于起点和终点。这种几何相位的存在可以解释为曲率的效应。类似于在曲面上沿着闭合路径行走时会受到曲率的影响，半整数自旋粒子在外部场中演化时也会受到 Berry 曲率的影响。Berry 曲率描述了波函数在参数空间中的变化情况，并决定了 Berry 相位的大小。总之，几何相位导致的自旋宇称效应是由 Berry 相位和 Berry 曲率所引起的。它揭示了半整数自旋粒子在外部场中演化时的非平凡性质，对于我们理解量子力学中的几何和拓扑效应具有重要意义。

高自旋反平行自旋极化的纠缠猫态会出现自旋宇称效应，那么高自旋平行自旋极化的纠缠猫态是否也会出现自旋宇称效应？下面分析讨论具有平行自旋极化的任意系数自旋 s 的纠缠猫态。根据式(4.10)，局域部分的密度矩阵元素表示为

$$\begin{cases}\rho_{11}^{\mathrm{lc}}=\sin^2\xi K_a^{4s}K_b^{4s}+\cos^2\xi\Gamma_a^{4s}\Gamma_b^{4s}\\ \rho_{22}^{\mathrm{lc}}=\sin^2\xi K_a^{4s}\Gamma_b^{4s}+\cos^2\xi\Gamma_a^{4s}K_b^{4s}\\ \rho_{33}^{\mathrm{lc}}=\sin^2\xi\Gamma_a^{4s}K_b^{4s}+\cos^2\xi K_a^{4s}\Gamma_b^{4s}\\ \rho_{44}^{\mathrm{lc}}=\sin^2\xi\Gamma_a^{4s}\Gamma_b^{4s}+\cos^2\xi K_a^{4s}K_b^{4s}\end{cases}\tag{4.16}$$

4 个非局域项的密度矩阵元素之间的关系与反平行自旋极化情况相同，它们表示为

$$\rho_{11}^{\mathrm{nlc}}=\rho_{44}^{\mathrm{nlc}}=\sin(2\xi)K_a^{2s}\Gamma_a^{2s}K_b^{2s}\Gamma_b^{2s}\cos\left[2s(\phi_a+\phi_b)+2\eta\right]\tag{4.17}$$

和

$$\rho_{22}^{\mathrm{nlc}}=\rho_{33}^{\mathrm{nlc}}=(-1)^{2s}\rho_{11}^{\mathrm{nlc}}\tag{4.18}$$

4 项局域部分的密度矩阵元组合而成的局域关联概率是

$$p_{\mathrm{lc}}(\boldsymbol{a},\boldsymbol{b})=(K_a^{4s}-\Gamma_a^{4s})(K_b^{4s}-\Gamma_b^{4s})\tag{4.19}$$

与反平行自旋极化情况的式(4.14) 相比较，式(4.18) 具有正的符号。非局域关联概率的表达式与式(4.15) 相同，式(4.17) 中的矩阵元素 ρ_{11}^{nlc} 与反平行自旋极化情况式(4.12) 的矩阵元素略有不同。自旋宇称效应在具有平行自旋极化的自旋 s 纠缠猫态下依然成立。特别是 $s=1/2$ 时，测量结果关联概率式(4.19) 可化简为众所周知的结果[71]。

4.2.2 普适贝尔类型不等式的违反

原来的贝尔不等式要求总的测量概率等于 1，即隐变量的概率密度分布满足归一化条件，这就意味着测量基矢是完备的。因而原来的贝尔不等式并不适合限制在自旋相干态的子空间内的不完备测量。不完备测量时，总的测量概率小于 1。为了构造出适合不完备测量的新型贝尔不等式，我们也要考虑任意三个方向（$\boldsymbol{a}$，$\boldsymbol{b}$，$\boldsymbol{c}$）的测量。不同于原来贝尔不等式的加减形式，本研究提出了乘积形式的普适贝尔类型不等式

$$p_{\mathrm{lc}}(\boldsymbol{a},\boldsymbol{b})p_{\mathrm{lc}}(\boldsymbol{a},\boldsymbol{c})\leqslant|p_{\mathrm{lc}}(\boldsymbol{b},\boldsymbol{c})| \tag{4.20}$$

它适用于反平行和平行自旋极化的任意自旋纠缠猫态。局域关联概率式(4.14) 和式(4.19) 代入普适贝尔类型不等式中，在局域实在性假设下式(4.20) 成立。从隐变量假设的经典概率统计中，我们可以推导普适贝尔类型不等式的成立。为了找到普适贝尔不等式式(4.20) 的最大违反界限值，这里定义一个关联概率差的量值

$$p_s^{\mathrm{lc}}=p_{\mathrm{lc}}(\boldsymbol{a},\boldsymbol{b})p_{\mathrm{lc}}(\boldsymbol{a},\boldsymbol{c})-|p_{\mathrm{lc}}(\boldsymbol{b},\boldsymbol{c})|\leqslant 0 \tag{4.21}$$

任何一个正数 p_s 意味着普适贝尔类型不等式的违反。沿着 $\boldsymbol{a}$、$\boldsymbol{b}$ 方向的测量结果的量子关联概率为

$$p(\boldsymbol{a},\boldsymbol{b})=\mp(K_a^{4s}-\Gamma_a^{4s})(K_b^{4s}-\Gamma_b^{4s})+4\sin(2\xi)K_a^{2s}\Gamma_a^{2s}K_b^{2s}\Gamma_b^{2s}\cos[2s(\phi_a\mp\phi_b)+2\eta] \tag{4.22}$$

上式分别适用于反平行和平行自旋极化的任意自旋纠缠猫态。当 $s=1/2$ 时，上式可以化简为众所周知的结果。在为半整数自旋 s 纠缠猫态时，研究者可以通过量子关联概率式(4.22) 推导普适贝尔类型不等式的违反。

当自旋为 1/2 纠缠猫态时，研究者检验普适贝尔类型不等式式(4.21) 的最大违反界限值。对于反平行自旋极化纠缠态而言，量子关联概率式(4.22) 成为

$$p(\boldsymbol{a},\boldsymbol{b})=-\cos\theta_a\cos\theta_b+\sin(2\xi)\sin\theta_a\sin\theta_b\cos(\phi_a-\phi_b+2\eta) \tag{4.23}$$

因为极化角被限制在 $0\leqslant\theta\leqslant\pi$ 范围内，可以根据量子关联概率式(4.23) 验证普适贝尔类型不等式的违反。量子关联概率差以最大违反界限值 $P_s^{\max}$ 为界限，表示为

$$\begin{aligned}p_{1/2}&=p(\boldsymbol{a},\boldsymbol{b})p(\boldsymbol{a},\boldsymbol{c})-|p(\boldsymbol{b},\boldsymbol{c})|\\&\leqslant\cos(\theta_a+\theta_b)\cos(\theta_a+\theta_c)\\&\leqslant 1=P_{1/2}^{\max}\end{aligned}$$

当 $\theta_a=\theta_b=\theta_c=\pi/2$ 时，量子关联概率差化简为

$$p_{1/2}=\sin^2(2\xi)\cos(\phi_a-\phi_b+2\eta)\cos(\phi_a-\phi_c+2\eta)-|\sin(2\xi)\cos(\phi_b-\phi_c+2\eta)|$$

当设置纠缠态参数角度为 $\xi=\eta=(\pi/4) \bmod 2\pi$ 时，量子关联概率差变为

$$p_{1/2}=\sin(\phi_a-\phi_b)\sin(\phi_a-\phi_c)-|\sin(\phi_b-\phi_c)|$$

当测量方位角为 $\phi_a=\pi/2$ 和 $\phi_b=\phi_c=0$ 时，普适贝尔类型不等式的最大违反界限值是 $p_{1/2}^{\max}=1$。

选择角度并非唯一途径，通过调整不同的参数，我们可以得到不同的量子关联概率差。图 4.1 是量子关联概率差 $p_{1/2}$ 随着参数 ξ 变化而变化的关系图。图（a）中三个方位角分别设置为 $\phi_a=\pi/2$ 和 $\phi_b=\phi_c=0$，此时量子关联概率差是 $p>0$。这表明普适贝尔类型不等式被违反，参数设置为 $\eta=\pi/4$ 和 $\eta=5\pi/4$ 时最大违反界限值为 1。图（b）中三个方位角分别设置为 $\phi_a=3\pi/4$，$\phi_b=\pi/6$ 和 $\phi_c=\pi/8$；图（c）中三个方位角分别设置为 $\phi_a=\pi$，$\phi_b=\pi/2$ 和 $\phi_c=\pi/3$。通过观察图（b）和（c），我们发现尽管普适贝尔类型不等式被违反，却没有达到最大违反界限，这说明最大违反界限值的大小取决于方位角的设定以及纠缠态参数的选择。

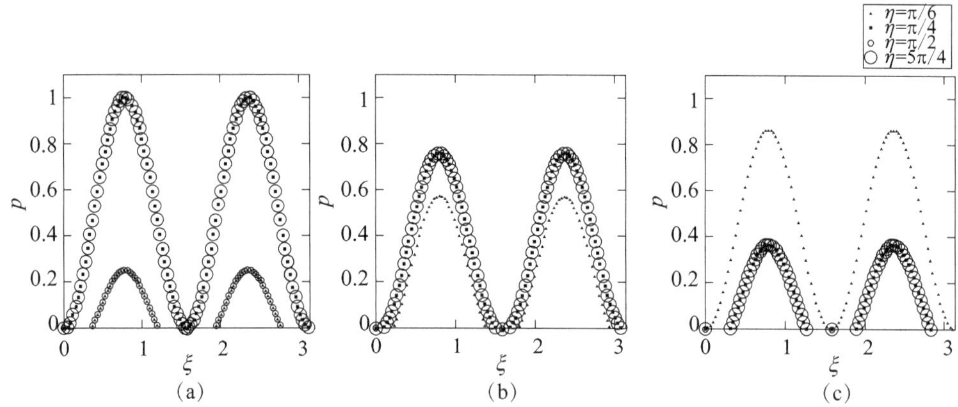

图 4.1　量子关联概率差随参数变化而变化的关系图

假设存在一个纠缠猫态是

$$|\psi\rangle=\frac{1}{\sqrt{2}}\left(\mathrm{e}^{\mathrm{i}\pi/4}\left|+\frac{1}{2},-\frac{1}{2}\right\rangle+\mathrm{e}^{-\mathrm{i}\pi/4}\left|-\frac{1}{2},+\frac{1}{2}\right\rangle\right) \tag{4.24}$$

在此情况下，三个方向测量的极化角和方位角分别设置为 $\theta_a=\theta_b=\theta_c=\pi/2$，$\phi_a=\pi/2$ 和 $\phi_b=\phi_c=0$。具体做法是选择三个测量方向 $\boldsymbol{a}$、$\boldsymbol{b}$、$\boldsymbol{c}$，

它们均垂直于最初自旋极化的方向，其中，$\boldsymbol{a}$ 方向沿着 y 轴正方向，而 $\boldsymbol{b}$ 和 $\boldsymbol{c}$ 方向则沿着 x 轴正方向。

采用同样的分析方法，研究者可以确定普适贝尔类型不等式的最大违反界限值。此时，平行自旋极化纠缠态是

$$|\psi\rangle=\frac{1}{\sqrt{2}}\left(\mathrm{e}^{\mathrm{i}\pi/4}\left|+\frac{1}{2},+\frac{1}{2}\right\rangle+\mathrm{e}^{-\mathrm{i}\pi/4}\left|-\frac{1}{2},-\frac{1}{2}\right\rangle\right) \tag{4.25}$$

这里设置的三个方向的测量角度与反平行自旋极化纠缠态时设置的测量角度相同。

研究者在考虑非局域项所带来的影响时，依据式(4.22)，将量子关联的概率差进行了定义。它定义为

$$p_s=p(\boldsymbol{a},\boldsymbol{b})p(\boldsymbol{a},\boldsymbol{c})-|p(\boldsymbol{b},\boldsymbol{c})| \tag{4.26}$$

若上述公式中的值大于零，则意味着普适贝尔类型不等式被违反了。研究表明，当达到最大违反界限值时，存在特定的态参数以及三个测量方向与之对应。在自旋为 1/2 的情形下，这三个测量方向垂直于最初的自旋极化方向，换言之，它们各自的极化角均可表达为某一特定值，即 $\theta_a=\theta_b=\theta_c=\pi/2$。这一现象导致了

$$K_r^{4s}-\Gamma_r^{4s}=0$$

其中，$\boldsymbol{r}=\boldsymbol{a}$，$\boldsymbol{b}$，$\boldsymbol{c}$。因此，量子关联概率变为

$$\begin{aligned}
p(\boldsymbol{a},\boldsymbol{b})&=2^{-2(2s-1)}\sin(2\xi)\cos[2s(\phi_a\mp\phi_b)+2\eta]\\
p(\boldsymbol{a},\boldsymbol{c})&=2^{-2(2s-1)}\sin(2\xi)\cos[2s(\phi_a\mp\phi_c)+2\eta]\\
p(\boldsymbol{b},\boldsymbol{c})&=2^{-2(2s-1)}\sin(2\xi)\cos[2s(\phi_b\mp\phi_c)+2\eta]
\end{aligned} \tag{4.27}$$

这组公式中的符号“$\mp$”意味着该公式分别适用于反平行和平行自旋极化纠缠猫态。式(4.27) 中的数值因子 $2^{-2(2s-1)}$ 导致关联概率随着自旋数值 s 的增大而显著减小。这很容易理解，因为当仅限于在自旋相干态的子空间内测量时，仅涉及由自旋相干态构成的 4 个测量基矢。然而，整个希尔伯特空间的维度远大于此。因此，在本部分中，我们考虑的是相对或成比例的关联概率，它表示为

$$p_{\mathrm{rl}}(\boldsymbol{a},\boldsymbol{b})=p(\boldsymbol{a},\boldsymbol{b})/N \tag{4.28}$$

其中

$$N=\sum_{i=1}^{4}|\langle i|\psi\rangle|^2=\sum_{i=1}^{4}\rho_{ii}$$

这是用自旋相干态组成的 4 项测量基矢表示的纠缠态 $|\psi\rangle$ 的总概率。

采用式(4.12)、式(4.16) 和式(4.17) 的密度矩阵元以及极化角 $\theta_a=\theta_b=\theta_c=\pi/2$，总概率就会产生与式(4.27) 相同的数值因子，记为

$$N=2^{-2(2s-1)} \tag{4.29}$$

当 $s=1/2$ 时，式(4.29) 的数值等于 1。为了简化表达，式(4.28) 中的成比例关联概率在后续书写中省略了下标“rl”。而根据式(4.26)，关联概率差所表示的量值是成比例的量值。关联概率差是

$$p_s=\sin[2s(\phi_a\mp\phi_b)]\sin[2s(\phi_a\mp\phi_c)]-|\sin[2s(\phi_b\mp\phi_c)]| \tag{4.30}$$

此时，三个测量方向上分别设置了极化角 $\theta_a=\theta_b=\theta_c=\pi/2$，纠缠态参数设置为 $\xi=\eta=\pi/4$。根据式(4.30)，普适贝尔类型不等式的最大违反界限值是

$$p_s^{\max}=1 \tag{4.31}$$

在这种情况下，测量的方位角为 $\phi_b=\phi_c=0$ 和 $\phi_a=\pi/2$。也就是说，$\boldsymbol{a}$ 方向垂直于两个共线方向 $\boldsymbol{b}$、$\boldsymbol{c}$。下面举例能够产生普适贝尔类型不等式最大违反界限值的纠缠猫态，它们分别是

$$|\psi\rangle=\frac{1}{\sqrt{2}}(e^{i\pi/4}|+s,-s\rangle+e^{-i\pi/4}|-s,+s\rangle)$$

$$|\psi\rangle=\frac{1}{\sqrt{2}}(e^{i\pi/4}|+s,+s\rangle+e^{-i\pi/4}|-s,-s\rangle)$$

此时的反平行和平行自旋极化的任意自旋纠缠猫态与自旋为 1/2 时式(4.24) 和式(4.25) 的形式一致。总而言之，当测量结果局限于自旋相干态子空间内，无论是反平行或平行自旋极化的纠缠猫态，量子关联的非局域部分只存在于半整数自旋态，而在整数自旋态时消失，这种现象称为自旋宇称效应，它是 Berry 相位或几何相位诱导的结果。只有在半整数自旋态时，普适贝尔类型不等式被违反。因而，普适贝尔类型不等式的违反是南、北极规范下的自旋相干态之间相差的非平庸 Berry 相位所导致的结果，而整数自旋时只有平庸的几何相位。普适贝尔类型不等式与 Berry 相位这两个非局域物理量之间的联系由此建立起来了。自旋宇称效应是指在半整数自旋粒子（如费米子）的散射或幺正演化过程中，由于几何相位的贡献而产生的现象。这种效应只存在于半整数自旋态中，而在整数自旋态中不存在，这意味着它与粒子的自旋性质密切相关。费米子和玻色子是两类基本粒子，它们的自旋量子数分别为半整数和整数。根据统计力学的不同，费米子和玻色子具有不同的交换规则和能级分布特征。费米子遵循费

米-狄拉克统计，遵循泡利不相容原理，即不可能有两个相同的费米子处于同一量子态。而玻色子则遵循玻色-爱因斯坦统计，可以处于同一量子态中，并且在低温下会发生玻色-爱因斯坦凝聚现象。费米子和玻色子的交换规则和能级分布特征，与自旋量子数的奇偶性密切相关。具体来说，根据统计原理，半整数自旋的费米子遵循费米-狄拉克统计，而整数自旋的玻色子遵循玻色-爱因斯坦统计。因此，自旋宇称效应与费米子和玻色子之间存在联系。由于普适贝尔类型不等式的违反只存在于半整数自旋态中，而且费米子是半整数自旋粒子，因此普适贝尔类型不等式的违反主要与费米子相关联。这种关系揭示了费米子在量子力学中的非平庸性质，对于我们理解量子力学的基本原理和物理学的基础问题具有重要意义。

4.2.3 普适贝尔类型不等式的经典证明

遵循贝尔研究方式，我们可以从经典概率统计中得到普适贝尔类型不等式的证明。首先沿着任意方向 $\boldsymbol{r}$（$\boldsymbol{r}=\boldsymbol{a}$，$\boldsymbol{b}$，$\boldsymbol{c}$）测量，两个纠缠粒子的自旋测量结果分别用 $A(\boldsymbol{r},\lambda)=\pm 1$ 和 $B(\boldsymbol{r},\lambda)=\pm 1$ 表示。测量结果由观测方向 $\boldsymbol{r}$ 和隐变量 λ 共同决定。观测者分别沿着 $\boldsymbol{a}$、$\boldsymbol{b}$ 方向测量两个纠缠粒子的自旋状态。在局域实在论假设下，归一化测量结果关联概率是

$$p_{\mathrm{lc}}(\boldsymbol{a},\boldsymbol{b})=\int\rho(\lambda)A(\boldsymbol{a},\lambda)B(\boldsymbol{b},\lambda)\mathrm{d}\lambda \tag{4.32}$$

其中，$\rho(\lambda)$ 是隐变量 λ 的概率密度分布。两个测量结果关联概率的乘积是

$$\begin{aligned}
&p_{\mathrm{lc}}(\boldsymbol{a},\boldsymbol{b})p_{\mathrm{lc}}(\boldsymbol{a},\boldsymbol{c})\\
&=\iint\rho(\lambda)\rho(\lambda')A(\boldsymbol{a},\lambda)B(\boldsymbol{b},\lambda)A(\boldsymbol{a},\lambda')B(\boldsymbol{c},\lambda')\mathrm{d}\lambda\,\mathrm{d}\lambda'\\
&\leqslant\int\rho(\lambda)A^2(\boldsymbol{a},\lambda)B(\boldsymbol{b},\lambda)B(\boldsymbol{c},\lambda)\mathrm{d}\lambda\\
&=\int\rho(\lambda)B(\boldsymbol{b},\lambda)B(\boldsymbol{c},\lambda)\mathrm{d}\lambda
\end{aligned} \tag{4.33}$$

存在假设条件 $B(\boldsymbol{r},\lambda)=\mp A(\boldsymbol{r},\lambda)$，该条件中“$\mp$”号分别适用于反平行自旋极化纠缠猫态和平行自旋极化纠缠猫态。在高自旋的反平行自旋极化纠缠猫态时，观测者沿着同一个方向测量两个粒子的自旋状态，其结果是两粒子的自旋极化方向完全相反，满足完全反关联假设条件 $B(\boldsymbol{r},\lambda)=-A(\boldsymbol{r},\lambda)$。在高自旋的平行自旋极化纠缠猫态时，观测者沿着同一

个方向测量两个粒子的自旋状态，其结果是两粒子的自旋极化方向完全相同，满足完全关联假设条件 $B(\boldsymbol{r},\lambda)=A(\boldsymbol{r},\lambda)$。因此我们可以针对式(4.33)的结果进行以下不等式的推导

$$\begin{aligned}&\int\rho(\lambda)B(\boldsymbol{b},\lambda)B(\boldsymbol{c},\lambda)\mathrm{d}\lambda\\&=\mp\int\rho(\lambda)A(\boldsymbol{b},\lambda)B(\boldsymbol{c},\lambda)\mathrm{d}\lambda\\&\leqslant|p_{\mathrm{lc}}(\boldsymbol{b},\boldsymbol{c})|\end{aligned}\tag{4.34}$$

那么，借助式(4.33)和式(4.34)的推导过程，我们得到在经典概率统计下满足局域实在论和隐变量假设条件的普适贝尔类型不等式，表述形式为

$$p_{\mathrm{lc}}(\boldsymbol{a},\boldsymbol{b})p_{\mathrm{lc}}(\boldsymbol{a},\boldsymbol{c})\leqslant|p_{\mathrm{lc}}(\boldsymbol{b},\boldsymbol{c})|\tag{4.35}$$

它既适用于平行自旋极化的纠缠猫态 $[B(\boldsymbol{b},\lambda)=A(\boldsymbol{b},\lambda)]$ 也适用于反平行自旋极化的纠缠猫态 $[B(\boldsymbol{b},\lambda)=-A(\boldsymbol{b},\lambda)]$。其中，总的测量概率是 $\int\rho(\lambda)\mathrm{d}\lambda\leqslant 1$，等号仅在自旋为 1/2 的情况下成立；对于其他任意自旋值，则应选择小于号。原因在于：当自旋为 1/2 时，测量所用的基矢量是完备的基矢量；而对于其他更高自旋的情况，测量基矢则不再完备。

在量子力学中，我们可以用一个算符来描述物理系统的观测量，这个算符对应于物理量的测量。对于自旋为 1/2 的粒子，我们通常使用泡利矩阵来描述自旋的测量。泡利矩阵是一组厄米矩阵，它们构成了自旋为 1/2 的粒子的完备基。当我们考虑自旋为 1/2 的粒子的测量时，由于泡利矩阵构成了一个完备的基，我们可以对自旋状态进行完备的测量。这意味着我们可以找到一组基矢量，用它们来描述自旋为 1/2 的粒子的全部可能状态，并且可以对这些状态进行一系列观测。因此，在自旋为 1/2 的情况下，我们可以得到一个总的测量概率，其和为 1，即 $\sum P_i=1$，其中 P_i 表示测量结果为第 i 个基矢量的概率。然而，当我们考虑其他高自旋（如自旋是 1）的情况时，情况会有所不同。仅仅是在自旋相干态子空间内进行测量，我们无法像在自旋为 1/2 的情况下那样找到一组完备的基，因此无法对所有可能的状态进行完备的测量。这意味着我们无法得到一个总的测量概率，使其和为 1。相反，我们需要对特定的测量过程进行分析，从而确定每种结果的概率，并且在这种情况下，总的测量概率通常小于 1。

本章小结

薛定谔猫态通常描述的是单粒子在宏观尺度上的叠加状态，而不涉及纠缠的概念。当我们将两体纠缠的宏观量子态称为纠缠猫态时，它便特指那种纠缠状态下的猫态，或者说是纠缠版本的薛定谔猫态。值得注意的是，尽管自旋 1/2 可以视为宏观态的一个特例，但通常我们并不将其直接称为猫态，而是称为纠缠猫态。

一方面，我们通过量子关联概率统计的方法，以一种统一的形式重新阐述了普适贝尔类型不等式及其违反现象。在这个过程中，我们将测量结果的关联概率划分为局域项和非局域项两个部分。普适贝尔类型不等式是基于局域关联概率推导出来的不等式，而非局域关联概率则是导致该不等式被违反的关键因素。根据两粒子自旋纠缠的模型，我们可以得出这样的结论：贝尔不等式的违反不仅取决于特定的纠缠猫态，还取决于测量方向的设置。对于纠缠猫态而言，当测量在整个希尔伯特空间进行时，除了自旋为 1/2 的情况外，贝尔不等式并未被违反。这意味着，在量子统计平均的视角下，纠缠猫态的两粒子之间的非局域关联概率完全消失了。

另一方面，当测量局限于自旋相干态的子空间，即专注于最大自旋值的情形时，本章所提出的普适贝尔类型不等式出现了一个有趣的现象：对于半整数自旋的纠缠猫态而言，普适贝尔类型不等式被违反了；而对于整数自旋的纠缠猫态而言，普适贝尔类型不等式并未被违反。这种基于自旋宇称的差异，被视作源于南、北极规范下的自旋相干态间 Berry 相位的直接影响。在探讨非局域性时，我们遇到两种表现形式：一种是量子态的相位效应，诸如 AB 相位和 Berry 相位，它们深刻揭示了量子世界的奇异特性；另一种是纠缠猫态与贝尔不等式被违反的关联，这同样是非局域性的重要体现。作为量子力学中的一个核心概念，AB 相位揭示了即便在电磁场直接作用缺席的情况下，量子干涉效应依然可以发生。物理学家亚基尔·阿哈罗诺夫和戴维·玻姆设计了一个经典实验，其中轴对称的磁体虽在环路内部不产生磁场，却能对环绕其运动的粒子施加微妙影响。这一效应通过引入一个额外的相位——AB 相位来阐释。具体而言，当一个带电粒子通过零磁场区域的不同路径时，尽管这些路径上的磁场为零，但由于磁矢势的存在，粒子会累积不同的相移。这意味着磁矢势即使在看似“空白”的磁场区域内，也能微妙地调制粒子的相位。这种相位调制进而引发干涉效应，导致粒子波函数在不同路径上形成相位差，最终影响粒子的运动轨迹。

长期以来，探索贝尔不等式与量子态相位效应之间的联系一直是物理学界关注的核心问题之一。本章内容恰好提供了一个示例，将贝尔不等式的违反情况与几何相位概念紧密关联。基于经典概率统计中的局域实在论和隐变量假设推导出的普适贝尔类型不等式，被广泛用于检验任意自旋纠缠猫态（无论是反平行还是平行自旋极化）的非局域特性。值得注意的是，对于整数自旋的纠缠猫态而言，这一普适贝尔类型不等式并未被违反，其根本原因在于非局域项在这些情况下消失无踪。相反，在半整数自旋（诸如自旋 1/2）的纠缠猫态中，该不等式则被明确违背，而这种违背直接源自非局域项的存在。通过精细调整纠缠猫态的参数配置以及测量时的方位角和极化角，研究人员能够确定普适贝尔类型不等式违背的最大界限值。

第5章

适用于多粒子任意自旋纠缠猫态的广义贝尔类型不等式

最初在20世纪90年代，科研人员的理论分析揭示了贝尔不等式的违反现象[83,84]。本章聚焦多粒子任意自旋纠缠的薛定谔猫态，特别地，在自旋为1/2的情况下，它被称为格林伯格-霍恩-蔡林格态（简称GHZ态）[85-87]。原先涉及4个自旋为1/2的粒子纠缠的量子态可以简化为三个自旋为1/2粒子的纠缠形式[88]，这一简化形式已在实验中得到了验证[89-90]。物理学家们广泛探讨了适用于多个自旋为1/2的粒子的不等式违反情况[91-101]。Cabello提出了一种适用于多个远距离观察者观测多个高自旋粒子的贝尔不等式形式[102]，记作$|M_n^{(s)}|\leqslant 2^{n-1}s^n$。本章的研究旨在将原本适用于两粒子纠缠猫态的普适贝尔类型不等式，拓展为适用于多粒子任意自旋纠缠猫态的新型不等式。多粒子系统中的纠缠现象已受到深入研究，并取得了显著进展[103-109]。

多粒子非局域关联在凝聚态的相变和临界性质中起着重要的作用[110]。在凝聚态物理学中，多粒子非局域关联是指系统中多个粒子之间存在的相互作用，这种相互作用不仅发生在粒子之间的邻近位置，还涉及系统中较远距离的粒子。这种非局域关联可以在系统的相变和临界性质中发挥重要作用。在凝聚态物理学中，相变是物质从一种宏观状态转变为另一种的过程，常见的相变包括固-液相变、顺磁-铁磁相变等。而临界性质则指的是系统在临界点附近的特殊性质，如临界温度、临界压强等。在系统接近临界点时，其物理性质会发生显著变化，表现出临界行为。多粒子非局域关联在凝聚态的相变和临界性质中起着重要作用的原因在于，当系统中的粒子之间存在非局域关联时，它们之间的相互作用会导致系统整体性质的突变。这种非局域关联可以促使系统在临界点附近出现集体行为，如相变点附近的临界现象，以及产生在不同相之间的相变过程中的重要影响。在某些情况下，多粒子非局域关联还可能导致一些奇特的现象，如量子纠缠和长程有序性等，在凝聚态物理学中也被广泛研究和讨论。因此，了解和研究多粒子非局域关联对于理解凝聚态系统的相变机制、临界现象以及新奇物理现象具有重要意义。

尽管先前的研究已经探讨了双粒子纠缠猫态的非局域关联性，但尚未找到一个能够普遍适用于任意多粒子纠缠猫态的恰当不等式。本章研究取得了一项重要进展，即发现了一种广义贝尔类型不等式，它能够有效地描述具有任意自旋的多粒子纠缠猫态的非局域性。这一发现在宏观尺度上检验量子效应方面具有至关重要的作用。本章采用自旋相干态的量子概率统计方法，对广义贝尔类型不等式及其最大违反界限值进行了表述。具体来说，在第5.2节中，我们针对自旋为1/2的多粒子纠缠猫态，计算了相应的广义贝尔类型不等式及其最大违反界限值。而在第5.3节中，我们进一步展示了当测量结果局限于自旋相干态的子空间时，广义贝尔类型不等式存在最大违反界限值。此外，我们的研究还观察到一个有趣的现象：在违反广义贝尔类型不等式的情况下，会出现自旋和粒子数的奇偶性效应。最后，本章还提供了将普适贝尔类型不等式推广到广义贝尔类型不等式的经典证明，从而增强了这一理论框架的普遍性和实用性。

5.1 广义贝尔类型不等式

本章考虑 n 粒子自旋为 s 的纠缠猫态，它表示为

$$|\psi\rangle=c_1|+s\rangle^{\otimes n}+c_2|-s\rangle^{\otimes n} \tag{5.1}$$

其中，用两个任意实参数 ξ 和 η 表示的系数为 $c_1=\mathrm{e}^{\mathrm{i}\eta}\sin\xi$，$c_2=\mathrm{e}^{-\mathrm{i}\eta}\cos\xi$。态密度算符 $\hat{\rho}$ 可以分为局域项和非局域项。局域部分的态密度算符是

$$\hat{\rho}_{\mathrm{lc}}=\sin^2\xi|+s\rangle^{\otimes n}\langle+s|^{\otimes n}+\cos^2\xi|-s\rangle^{\otimes n}\langle-s|^{\otimes n}$$

非局域部分的态密度算符表示为

$$\hat{\rho}_{\mathrm{nlc}}=\sin\xi\cos\xi(\mathrm{e}^{2\mathrm{i}\eta}|+s\rangle^{\otimes n}\langle-s|^{\otimes n}+\mathrm{e}^{-2\mathrm{i}\eta}|-s\rangle^{\otimes n}\langle+s|^{\otimes n})$$

N 个观测者分别沿着任意方向 $\boldsymbol{a}_1$，$\boldsymbol{a}_2$，…，$\boldsymbol{a}_n$ 测量粒子的自旋状态，他们得到了归一化的测量结果关联概率，它表示为

$$\begin{aligned}p(\boldsymbol{a}_1,\boldsymbol{a}_2,\cdots,\boldsymbol{a}_n)&=\frac{1}{s^n}\boldsymbol{Tr}\,[\hat{\rho}\hat{\Omega}(\boldsymbol{a}_1,\boldsymbol{a}_2,\cdots,\boldsymbol{a}_n)]\\&=p_{\mathrm{lc}}(\boldsymbol{a}_1,\boldsymbol{a}_2,\cdots,\boldsymbol{a}_n)+p_{\mathrm{nlc}}(\boldsymbol{a}_1,\boldsymbol{a}_2,\cdots,\boldsymbol{a}_n)\end{aligned} \tag{5.2}$$

需要注意的是，上述表达式中 n 个粒子之间的自旋测量关联算符有具体的表达式，它表示为 $\hat{\Omega}(\boldsymbol{a}_1,\boldsymbol{a}_2,\cdots,\boldsymbol{a}_n)=(\hat{s}\cdot\boldsymbol{a}_1)\otimes(\hat{s}\cdot\boldsymbol{a}_2)\otimes\cdots\otimes(\hat{s}\cdot\boldsymbol{a}_n)$。适用于两粒子纠缠猫态的普适贝尔类型不等式被直接扩展为适用于 n 粒子自旋 s 的纠缠猫态式(5.1) 的广义贝尔类型不等式(可简写为GBI)，其表达形式如下

$$\begin{aligned}&p_{\mathrm{lc}}(\boldsymbol{a}_1,\boldsymbol{a}_2,\cdots,\boldsymbol{a}_n)p_{\mathrm{lc}}(\boldsymbol{a}_2,\boldsymbol{a}_3,\cdots,\boldsymbol{a}_{n+1})p_{\mathrm{lc}}(\boldsymbol{a}_3,\boldsymbol{a}_4,\cdots,\boldsymbol{a}_{n+2})\times\cdots\\&\times p_{\mathrm{lc}}(\boldsymbol{a}_n,\boldsymbol{a}_{n+1},\cdots,\boldsymbol{a}_{2n-1})\leqslant|p_{\mathrm{lc}}(\boldsymbol{a}_1,\boldsymbol{a}_3,\cdots,\boldsymbol{a}_{2n-1})|\end{aligned} \tag{5.3}$$

在第5.4节中，我们通过运用局域实在论假设和隐变量假设的经典概率统计方法，证明了广义贝尔类型不等式式(5.3)的有效性。

5.2 多粒子自旋1/2纠缠猫态时贝尔类型不等式的最大违反界限

5.2.1 三粒子自旋1/2纠缠猫态

首先，我们考虑一个自旋为1/2的三粒子纠缠猫态，即纠缠的薛定谔猫态式(5.1)，它满足 $s=1/2$，$n=3$ 的条件。我们将态密度算符分为两部分，其中，局域部分是

$$\hat{\rho}_{lc}=\sin^2\xi|+,+,+\rangle\langle+,+,+|+\cos^2\xi|-,-,-\rangle\langle-,-,-|$$

非局域部分是

$$\hat{\rho}_{nlc}=\sin\xi\cos\xi(e^{2i\eta}|+,+,+\rangle\langle-,-,-|+e^{-2i\eta}|-,-,-\rangle\langle+,+,+|) \tag{5.4}$$

观测者分别沿着任意方向 $\boldsymbol{a}_1$、$\boldsymbol{a}_2$、$\boldsymbol{a}_3$ 测量3个纠缠粒子的自旋状态。自旋投影算符 $\hat{s}\cdot\boldsymbol{r}$（$\boldsymbol{r}=\boldsymbol{a}_1$，$\boldsymbol{a}_2$，$\boldsymbol{a}_3$）的本征值表示每个粒子的自旋测量结果，测量结果为+1/2表示自旋向上，测量结果为−1/2表示自旋向下，即本征方程表示为

$$\hat{s}\cdot\boldsymbol{r}|\pm r\rangle=\pm1/2|\pm r\rangle \tag{5.5}$$

本征态 $|\pm r\rangle$ 表示南、北极规范下的自旋相干态。自旋相干态构成的8个基矢量是相互独立的，并被标记为

$$\begin{cases}|1\rangle=|+\boldsymbol{a}_1,+\boldsymbol{a}_2,+\boldsymbol{a}_3\rangle, & |2\rangle=|+\boldsymbol{a}_1,-\boldsymbol{a}_2,-\boldsymbol{a}_3\rangle\\ |3\rangle=|-\boldsymbol{a}_1,+\boldsymbol{a}_2,-\boldsymbol{a}_3\rangle, & |4\rangle=|-\boldsymbol{a}_1,-\boldsymbol{a}_2,+\boldsymbol{a}_3\rangle\\ |5\rangle=|+\boldsymbol{a}_1,+\boldsymbol{a}_2,-\boldsymbol{a}_3\rangle, & |6\rangle=|+\boldsymbol{a}_1,-\boldsymbol{a}_2,+\boldsymbol{a}_3\rangle\\ |7\rangle=|-\boldsymbol{a}_1,+\boldsymbol{a}_2,+\boldsymbol{a}_3\rangle, & |8\rangle=|-\boldsymbol{a}_1,-\boldsymbol{a}_2,-\boldsymbol{a}_3\rangle\end{cases} \tag{5.6}$$

同时，基矢量是自旋关联算符的本征态，该本征方程表示为

$$\hat{\Omega}(\boldsymbol{a}_1,\boldsymbol{a}_2,\boldsymbol{a}_3)|i\rangle=\pm(1/2)^3|i\rangle$$

且 $i=1$，2，3，4和5，6，7，8。

然后，根据密度算符矩阵元素，归一化的总量子关联概率表示为

$$p(\boldsymbol{a}_1,\boldsymbol{a}_2,\boldsymbol{a}_3)=\sum_{i=1}^{4}\rho_{ii}-\sum_{i=5}^{8}\rho_{ii}$$

局域部分的密度算符表达式是

$$\begin{cases}\rho_{11}^{\mathrm{lc}}=\sin^2\xi\prod_{i=1}^{3}K_{a_i}^2+\cos^2\xi\prod_{i=1}^{3}\Gamma_{a_i}^2\\ \rho_{22}^{\mathrm{lc}}=\sin^2\xi K_{a_1}^2\Gamma_{a_2}^2\Gamma_{a_3}^2+\cos^2\xi\Gamma_{a_1}^2K_{a_2}^2K_{a_3}^2\\ \rho_{33}^{\mathrm{lc}}=\sin^2\xi\Gamma_{a_1}^2K_{a_2}^2\Gamma_{a_3}^2+\cos^2\xi K_{a_1}^2\Gamma_{a_2}^2K_{a_3}^2\\ \rho_{44}^{\mathrm{lc}}=\sin^2\xi\Gamma_{a_1}^2\Gamma_{a_2}^2K_{a_3}^2+\cos^2\xi K_{a_1}^2K_{a_2}^2\Gamma_{a_3}^2\\ \rho_{55}^{\mathrm{lc}}=\sin^2\xi K_{a_1}^2K_{a_2}^2\Gamma_{a_3}^2+\cos^2\xi\Gamma_{a_1}^2\Gamma_{a_2}^2K_{a_3}^2\\ \rho_{66}^{\mathrm{lc}}=\sin^2\xi K_{a_1}^2\Gamma_{a_2}^2K_{a_3}^2+\cos^2\xi\Gamma_{a_1}^2K_{a_2}^2\Gamma_{a_3}^2\\ \rho_{77}^{\mathrm{lc}}=\sin^2\xi\Gamma_{a_1}^2K_{a_2}^2K_{a_3}^2+\cos^2\xi K_{a_1}^2\Gamma_{a_2}^2\Gamma_{a_3}^2\\ \rho_{88}^{\mathrm{lc}}=\sin^2\xi\prod_{i=1}^{3}\Gamma_{a_i}^2+\cos^2\xi\prod_{i=1}^{3}K_{a_i}^2\end{cases}\tag{5.7}$$

其中，参数的表达式为 $K_r=\cos(\theta_r/2)$，$\Gamma_r=\sin(\theta_r/2)$。根据密度算符的表达式，我们推导出局域部分的关联概率，它表示为

$$p_{\mathrm{lc}}(\boldsymbol{a}_1,\boldsymbol{a}_2,\boldsymbol{a}_3)=-\cos(2\xi)\prod_{i=1}^{3}\cos\theta_{a_i}\tag{5.8}$$

借助式(5.8)，我们能够证明在 $n=3$ 时广义贝尔类型不等式的成立。过程如下

$$\begin{aligned}&p_{\mathrm{lc}}(\boldsymbol{a}_1,\boldsymbol{a}_2,\boldsymbol{a}_3)p_{\mathrm{lc}}(\boldsymbol{a}_2,\boldsymbol{a}_3,\boldsymbol{a}_4)p_{\mathrm{lc}}(\boldsymbol{a}_3,\boldsymbol{a}_4,\boldsymbol{a}_5)\\&=\cos^2(2\xi)\left(\prod_{i=2}^{4}\cos^2\theta_{a_i}\right)p_{\mathrm{lc}}(\boldsymbol{a}_1,\boldsymbol{a}_3,\boldsymbol{a}_5)\\&\leqslant|p_{\mathrm{lc}}(\boldsymbol{a}_1,\boldsymbol{a}_3,\boldsymbol{a}_5)|\end{aligned}$$

密度算符的非局域矩阵元素是

$$\rho_{11}^{\mathrm{nlc}}=\frac{1}{2^3}\sin(2\xi)\left(\prod_{i=1}^{3}\sin\theta_{a_i}\right)\cos\left(\sum_{i=1}^{3}\phi_{a_i}+2\eta\right)$$

当 $i=2$，3，4 时存在关系式

$$\rho_{ii}^{\mathrm{nlc}}=\rho_{11}^{\mathrm{nlc}}$$

当 $j=5$，6，7，8 时存在关系式

$$\rho_{jj}^{\mathrm{nlc}}=-\rho_{11}^{\mathrm{nlc}}$$

非局域部分的关联概率是

$$p_{\mathrm{nlc}}(\boldsymbol{a}_1,\boldsymbol{a}_2,\boldsymbol{a}_3)=\sin(2\xi)\left(\prod_{i=1}^{3}\sin\theta_{a_i}\right)\cos\left(\sum_{i=1}^{3}\phi_{a_i}+2\eta\right) \tag{5.9}$$

结合式(5.8) 和式(5.9)，我们能够得到归一化的总量子关联概率。为了得到广义贝尔类型不等式的最大违反界限值，我们定义了量子关联概率差，它表示为

$$p_{\mathrm{GB}}=p(\boldsymbol{a}_1,\boldsymbol{a}_2,\boldsymbol{a}_3)p(\boldsymbol{a}_2,\boldsymbol{a}_3,\boldsymbol{a}_4)p(\boldsymbol{a}_3,\boldsymbol{a}_4,\boldsymbol{a}_5)-|p(\boldsymbol{a}_1,\boldsymbol{a}_3,\boldsymbol{a}_5)| \tag{5.10}$$

我们可以得到 $p_{\mathrm{GB}}^{\mathrm{lc}}\leqslant 0$。$p_{\mathrm{GB}}$ 的任何正值表明了广义贝尔类型不等式的违反。当极化角设为 $\theta_{a_1}=\theta_{a_2}=\theta_{a_3}=\pi/2$，态参数取 $\xi=\eta=\pi/4$，且测量方位角分别设置为 $\phi_{a_{2i+1}}=0$（$i=0$，1，2），$\phi_{a_2}=\phi_{a_4}=3\pi/4$ 时，广义贝尔类型不等式的最大违反界限值是 $p_{\mathrm{GB}}^{\max}=1/2$。

然而，在广义贝尔类型不等式的最大违反情况下，观测角度的选取并不唯一。如图 5.1 所示，当选取特定的极化角 $\theta_{a_i}=\pi/2$ 时，此时方位角分别设置为 $\phi_{a_1}=\pi$，$\phi_{a_2}=\phi_{a_3}=3\pi/4$，$\phi_{a_4}=\pi/4$，$\phi_{a_5}=5\pi/4$，我们可以获得一系列与不同参数 η 相对应的广义贝尔类型不等式最大违反界限值 $p_{\max}$，这些值随态参数 ξ 的变化而变化。显然，当 $p\leqslant 0$ 时，广义贝尔类型不等式没有发生违反；当 $p>0$ 时，广义贝尔类型不等式发生了违反，此时对应的参数值为 $\eta=\pi/5$，$\eta=\pi/4$，$\eta=3\pi/4$ 和 $\eta=7\pi/4$。当 $\xi=\eta=$

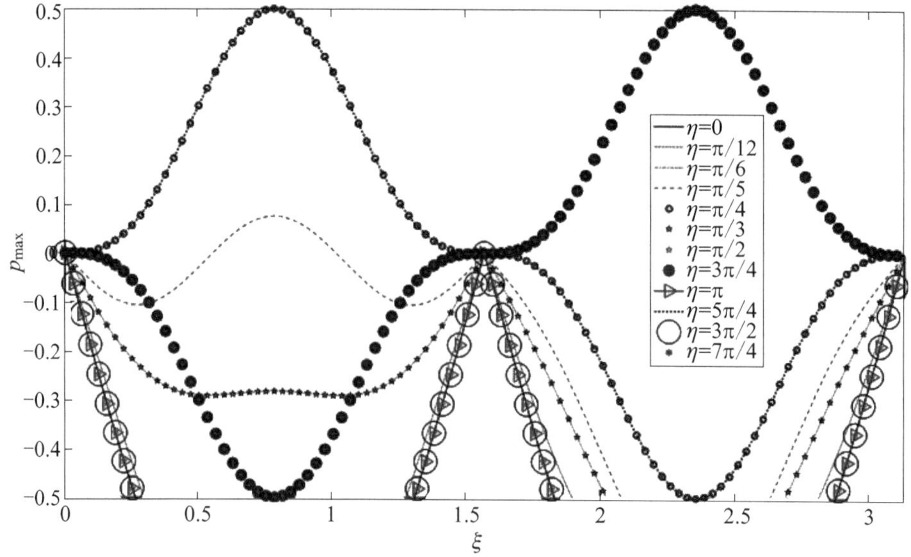

图 5.1　$n=3$ 时，广义贝尔类型不等式的最大违反界限值 $p_{\max}$ 随态参数 ξ 变化的关系图

$\pi/4$ 或 $\xi=3\pi/4$，$\eta=3\pi/4$ 或 $\eta=7\pi/4$ 时，广义贝尔类型不等式的违反界限值达到最大，记为 $p_{\max}=1/2$。当态参数 ξ 取特定值（如 0、$\pi/2$ 或 π）时，纠缠态将退化为经典态，此时无论极化角和方位角如何设定，广义贝尔类型不等式都不会发生违反。因此，在图 5.1 中我们可以看到，当态参数 ξ 被选定为这些特定值时（如 0、$\pi/2$ 或 π），广义贝尔类型不等式未出现违反，p 值始终保持在某一数值（即 $p=0$）。

5.2.2 四粒子自旋 1/2 纠缠猫态

若观测者沿着任意方向 $\boldsymbol{a}_1$、$\boldsymbol{a}_2$、$\boldsymbol{a}_3$、$\boldsymbol{a}_4$ 分别测量 4 个纠缠粒子的自旋状态，此时，自旋投影算符拥有 16 个本征态，这些本征态是一组独立的测量基矢集合，它表示为

$$\begin{cases}|1\rangle=|+\boldsymbol{a}_1,+\boldsymbol{a}_2,+\boldsymbol{a}_3,+\boldsymbol{a}_4\rangle, & |2\rangle=|+\boldsymbol{a}_1,+\boldsymbol{a}_2,-\boldsymbol{a}_3,-\boldsymbol{a}_4\rangle\\ |3\rangle=|+\boldsymbol{a}_1,-\boldsymbol{a}_2,+\boldsymbol{a}_3,-\boldsymbol{a}_4\rangle, & |4\rangle=|+\boldsymbol{a}_1,-\boldsymbol{a}_2,-\boldsymbol{a}_3,+\boldsymbol{a}_4\rangle\\ |5\rangle=|-\boldsymbol{a}_1,+\boldsymbol{a}_2,+\boldsymbol{a}_3,-\boldsymbol{a}_4\rangle, & |6\rangle=|-\boldsymbol{a}_1,+\boldsymbol{a}_2,-\boldsymbol{a}_3,+\boldsymbol{a}_4\rangle\\ |7\rangle=|-\boldsymbol{a}_1,-\boldsymbol{a}_2,+\boldsymbol{a}_3,+\boldsymbol{a}_4\rangle, & |8\rangle=|-\boldsymbol{a}_1,-\boldsymbol{a}_2,-\boldsymbol{a}_3,-\boldsymbol{a}_4\rangle\\ |9\rangle=|+\boldsymbol{a}_1,+\boldsymbol{a}_2,+\boldsymbol{a}_3,-\boldsymbol{a}_4\rangle, & |10\rangle=|+\boldsymbol{a}_1,+\boldsymbol{a}_2,-\boldsymbol{a}_3,+\boldsymbol{a}_4\rangle\\ |11\rangle=|+\boldsymbol{a}_1,-\boldsymbol{a}_2,+\boldsymbol{a}_3,+\boldsymbol{a}_4\rangle, & |12\rangle=|+\boldsymbol{a}_1,-\boldsymbol{a}_2,-\boldsymbol{a}_3,-\boldsymbol{a}_4\rangle\\ |13\rangle=|-\boldsymbol{a}_1,+\boldsymbol{a}_2,+\boldsymbol{a}_3,+\boldsymbol{a}_4\rangle, & |14\rangle=|-\boldsymbol{a}_1,+\boldsymbol{a}_2,-\boldsymbol{a}_3,-\boldsymbol{a}_4\rangle\\ |15\rangle=|-\boldsymbol{a}_1,-\boldsymbol{a}_2,+\boldsymbol{a}_3,-\boldsymbol{a}_4\rangle, & |16\rangle=|-\boldsymbol{a}_1,-\boldsymbol{a}_2,-\boldsymbol{a}_3,+\boldsymbol{a}_4\rangle\end{cases} \tag{5.11}$$

与本征态相对应的本征值是$\pm(1/2)^4$。与第 5.2.1 节过程相似，我们可以得到局域关联概率，它对应于广义贝尔类型不等式的成立。而考虑非局域项之后，我们可以得到广义贝尔类型不等式的最大违反界限值 $p_{\mathrm{GB}}^{\max}=1$，这与 3 个自旋为 1/2 的粒子处于纠缠猫态时的广义贝尔不等式的最大违反界限值存在差异。为了探究纠缠粒子数量的变化是否会影响这一最大违反界限值，接下来我们将深入研究多粒子纠缠的情形。

5.2.3 多粒子自旋 1/2 纠缠猫态

当纠缠的薛定谔猫态式(5.1) 选择 $s=1/2$ 的条件时，局域关联概率表示为

$$p_{\mathrm{lc}}(\boldsymbol{a}_1,\boldsymbol{a}_2,\cdots,\boldsymbol{a}_n)=\sum_{i=1}^{2^{n-1}}\rho_{ii}^{\mathrm{lc}}-\sum_{i=2^{n-1}+1}^{2^n}\rho_{ii}^{\mathrm{lc}} \tag{5.12}$$

我们对上述公式进行更深入的分析。这里的“n”指的是纠缠粒子的个数，当 n 为奇数时，式(5.12) 可以简化为

$$p_{\mathrm{lc}}(\boldsymbol{a}_1,\boldsymbol{a}_2,\cdots,\boldsymbol{a}_n)=-\cos(2\xi)\prod_{i=1}^{n}\cos\theta_{a_i} \tag{5.13}$$

而当 n 为偶数时，式(5.12) 则可以简化为

$$p_{\mathrm{lc}}(\boldsymbol{a}_1,\boldsymbol{a}_2,\cdots,\boldsymbol{a}_n)=\prod_{i=1}^{n}\cos\theta_{a_i} \tag{5.14}$$

值得注意的是，奇数 n 与偶数 n 情况相比，局域关联概率的表达式多出了一项“$-\cos(2\xi)$”，然而，这一额外的项并不影响广义贝尔类型不等式的有效性。换句话说，无论是奇数粒子还是偶数粒子处于局域纠缠状态，广义贝尔类型不等式都依然成立。接下来，我们将分别探讨奇数粒子和偶数粒子纠缠时，广义贝尔类型不等式是否会被违反。

我们假设，当纠缠粒子数为奇数时，归一化的局域关联概率满足广义贝尔类型不等式。为了验证这一点，我们将给出相应的证明过程。过程如下

$$\begin{aligned}
&p_{\mathrm{lc}}(\boldsymbol{a}_1,\boldsymbol{a}_2,\cdots,\boldsymbol{a}_n)p_{\mathrm{lc}}(\boldsymbol{a}_2,\boldsymbol{a}_3,\cdots,\boldsymbol{a}_{n+1})\times\cdots\times p_{\mathrm{lc}}(\boldsymbol{a}_n,\boldsymbol{a}_{n+1},\cdots,\boldsymbol{a}_{2n-1})\\
&=\cos^{n-1}(2\xi)\prod_{i=2}^{n+1}\cos^2\theta_{a_i}\prod_{i=4}^{n+3}\cos^2\theta_{a_i}\prod_{i=6}^{n+5}\cos^2\theta_{a_i}\\
&\times\cdots\times\prod_{i=n-1}^{2n-2}\cos^2\theta_{a_i}p_{\mathrm{lc}}(\boldsymbol{a}_1,\boldsymbol{a}_3,\cdots,\boldsymbol{a}_{2n-1})\\
&\leqslant|p_{\mathrm{lc}}(\boldsymbol{a}_1,\boldsymbol{a}_3,\cdots,\boldsymbol{a}_{2n-1})|
\end{aligned} \tag{5.15}$$

非局域部分关联概率表示为

$$p_{\mathrm{nlc}}(\boldsymbol{a}_1,\boldsymbol{a}_2,\cdots,\boldsymbol{a}_n)=\sin(2\xi)\left(\prod_{i=1}^{n}\sin\theta_{a_i}\right)\cos\left(\sum_{i=1}^{n}\phi_{a_i}+2\eta\right) \tag{5.16}$$

通过结合式(5.13) 和式(5.16)，我们能够计算出奇数个粒子纠缠猫态下的总量子关联概率。

若我们给定极化角 $\theta_{a_i}=\pi/2$ 和参数 $\xi=\eta=\pi/4$，那么总量子关联概率化简为

$$p(\boldsymbol{a}_1,\boldsymbol{a}_2,\cdots,\boldsymbol{a}_n)=-\sin\left(\sum_{i=1}^{n}\phi_{a_i}\right) \tag{5.17}$$

当 $\phi_{a_{2i-1}}=0$（$i=1$，2，…，n）时，量子关联概率差是

$$p_{\mathrm{GB}}=-\sin\left(\sum_{i=1}^{(n-1)/2}\phi_{a_{2i}}\right)\sin\left(\sum_{i=1}^{(n+1)/2}\phi_{a_{2i}}\right)\sin\left(\sum_{i=2<n-1}^{(n+1)/2}\phi_{a_{2i}}\right)$$

$$\times \sin\left(\sum_{i=2<n-1}^{(n+3)/2}\phi_{a_{2i}}\right)\sin\left(\sum_{i=3<n-1}^{(n+3)/2}\phi_{a_{2i}}\right)\sin\left(\sum_{i=3<n-1}^{(n+5)/2}\phi_{a_{2i}}\right)$$

$$\times\cdots\times\sin\left(\sum_{i=(n+1)/2}^{n-1}\phi_{a_{2i}}\right)$$

若方位角设置为 $\phi_{a_{2i-1}}=0$，排除 $i=(n\pm1)/2$ 的情况，并且令 $\phi_{a_{n-1}}=\phi_{a_{n+1}}=3\pi/4$ 时，存在量子关联概率差 p_{GB} 的最大违反界限值，它是

$$p_{\mathrm{GB}}^{\max}=-\sin\phi_{a_{n-1}}\sin\phi_{a_{n+1}}\sin^{n-2}(\phi_{a_{n-1}}+\phi_{a_{n+1}})=1/2 \tag{5.18}$$

若纠缠粒子数为偶数时，我们可以证明归一化后的局域关联概率满足广义贝尔类型不等式。以下是这一结论的证明过程概述。

$$\begin{aligned}&p_{\mathrm{lc}}(\boldsymbol{a}_1,\boldsymbol{a}_2,\cdots,\boldsymbol{a}_n)p_{\mathrm{lc}}(\boldsymbol{a}_2,\boldsymbol{a}_3,\cdots,\boldsymbol{a}_{n+1})\times\cdots\times p_{\mathrm{lc}}(\boldsymbol{a}_n,\boldsymbol{a}_{n+1},\cdots,\boldsymbol{a}_{2n-1})\\&=\prod_{i=1}^{n}\cos\theta_{a_i}\prod_{i=2}^{n+1}\cos\theta_{a_i}\prod_{i=3}^{n+2}\cos\theta_{a_i}\cdots\prod_{i=n}^{2n-1}\cos\theta_{a_i}\\&=\prod_{i=2}^{n}\cos^2\theta_{a_i}\prod_{i=4}^{n+2}\cos^2\theta_{a_i}\prod_{i=6}^{n+4}\cos^2\theta_{a_i}\cdots\prod_{i=n}^{2n-2}\cos^2\theta_{a_i}\\&\quad\times\cdots\times p_{\mathrm{lc}}(\boldsymbol{a}_1,\boldsymbol{a}_3,\cdots,\boldsymbol{a}_{2n-1})\\&\leqslant|p_{\mathrm{lc}}(\boldsymbol{a}_1,\boldsymbol{a}_3,\cdots,\boldsymbol{a}_{2n-1})|\end{aligned}$$

无论纠缠粒子数为奇数还是偶数，它们所展现出的非局域关联概率是一致的。根据式(5.14) 和式(5.16)，我们得到总量子关联概率。当参数取值为 $\xi=\eta=(\pi/4)\ \mathrm{mod}\ 2\pi$ 且测量方向的极化角为 $\theta_{a_i}=\pi/2$ 时，总量子关联概率简化后的表达式与式(5.17) 相同。当 $\phi_{a_i}=0(i=1,3,5,\cdots,2n-1)$时，我们能够得到广义贝尔类型不等式的最大违反界限值。此时，量子关联概率差变为

$$p_{\mathrm{GB}}=\sin^2\left(\sum_{i=1}^{n/2}\phi_{a_{2i}}\right)\sin^2\left(\sum_{i=2}^{n/2+1}\phi_{a_{2i}}\right)\sin^2\left(\sum_{i=3}^{n/2+2}\phi_{a_{2i}}\right)\cdots\sin^2\left(\sum_{i=n/2}^{n-1}\phi_{a_{2i}}\right) \tag{5.19}$$

假设给定条件 $\phi_{a_{2i}}=\pi/n(i=1,2,3,\cdots,n-1)$，那么广义贝尔类型不等式的最大违反界限值是 $p_{\mathrm{GB}}^{\max}=1$。

对于具有 1/2 自旋的多个纠缠粒子，不论其数量是奇数还是偶数，当这些粒子处于纠缠猫态时，在基于局域关联的假设下，广义贝尔类型不等式总是成立的。然而，非局域关联的存在会导致这些不等式被违反。具体而言，当粒子数为奇数时，广义贝尔类型不等式的最大违反界限值为 1/2；而当粒子数为偶数时，该界限值则为 1。这种最大违反通常发生在测量方向垂直于自旋极化轴（我们称之为 z 轴）的情况下。对于偶数粒

子的情况，最大违反界限还依赖于测量方向方位角的正弦函数。通过适当地选择方位角，我们可以接近或达到这些最大违反界限，这与先前的观察结果相吻合。值得注意的是，与我们计算所得的结果相比，文献［94］中针对偶数粒子情况所给出的最大违反界限值偏大。

5.3 多粒子任意自旋时的自旋宇称效应

针对自旋为 s 的纠缠的薛定谔猫态，在测量基矢完备的量子平均下非局域关联消失，总的量子关联概率等于局域量子关联概率，因而广义贝尔类型不等式总是成立。本节考虑限制在自旋相干态子空间内的测量结果，即只沿着任意方向测量最大自旋值 $\pm s$，由最大自旋值对应的本征态（即自旋相干态）组合构成不完备的测量基矢。在这种情况下，我们无法通过测量得到全部的信息。对于三粒子、四粒子以及多粒子任意自旋纠缠猫态，如果我们考虑测量基矢限制在自旋相干态子空间内的情况，那么将会出现广义贝尔类型不等式的违反现象。具体来说，在测量基矢限制在自旋相干态子空间内的情况下，总的量子关联概率并不等于局域量子关联概率。这表明了量子力学中的非局域关联现象。本节内容将分为 3 个小节进行详细讨论，这 3 个小节将分别探讨在三粒子、四粒子以及多粒子任意自旋纠缠猫态的情况下，广义贝尔类型不等式是如何被违反的。

在量子力学中，多个自旋为 s 的粒子可以处于所有粒子都纠缠的纠缠态，例如薛定谔猫态，当然也可以部分粒子纠缠以及部分不纠缠。显然在多个自旋为 s 的纠缠粒子系统中，可以存在不同形式的纠缠态，包括全局纠缠态和部分纠缠态。全局纠缠态指所有粒子都处于纠缠状态的情况。部分纠缠态涵盖了所有不是全局纠缠，即系统中并非所有粒子都相互纠缠的情况。部分纠缠态可以进一步细分为以下几种具体形式。

① 在多粒子系统中，如果只有一部分粒子之间存在纠缠而其他粒子之间没有纠缠，我们称这种情况为局部纠缠。这意味着系统中的纠缠是局限在一部分粒子之间的，而其他粒子之间是纠缠无关的。

② 在多粒子系统中，如果粒子之间通过链式连接而产生纠缠，就形成了链状纠缠。例如，A 粒子与 B 粒子纠缠，B 粒子与 C 粒子纠缠，但 A 粒子与 C 粒子之间没有纠缠。

③ 在环状结构的多粒子系统中，粒子之间通过环状连接而产生纠缠。例如，A 粒子与 B 粒子纠缠，B 粒子与 C 粒子纠缠，C 粒子与 A 粒子纠缠，形成一个闭合的环状纠缠结构。

④ 在多粒子系统中，粒子可以被分成几个集团，每个集团内的粒子之间纠缠，而不同集团之间的粒子则没有纠缠。这种情况下可以出现多个独立的纠缠集团。

这些不同类型的部分纠缠形式展示了多粒子系统中丰富多样的纠缠结构，这些结构对于理解量子纠缠的性质和在量子信息科学中的应用具有重要意义。在实际研究和实验中，对不同类型的纠缠结构进行详细划分和研究有助于揭示量子系统的复杂性和纠缠特性。部分纠缠的情况在实际应用中也是非常重要的，特别是在量子信息处理和量子计算领域有着广泛的应用。以下是部分纠缠的一些应用。

在分布式量子计算中，部分纠缠可以被用来构建分布式量子网络。通过一部分粒子之间的纠缠，可以实现远程量子操作，从而实现分布式量子计算任务的协同完成。这对于构建大规模量子计算机和解决复杂计算问题具有重要意义。部分纠缠可以被用于构建量子传感网络，例如在分布式量子测量和传感任务中，局部纠缠可以用来实现远程量子测量和传感协议，有助于提高量子传感网络的灵敏度和覆盖范围。部分纠缠也可以应用于远程量子通信协议中，如远程量子态传输和远程量子门操作等。通过利用部分纠缠的特性，可以实现远程量子通信任务，包括远程量子态的传输和共享，以及分布式量子信息处理。部分纠缠还可以被用来实现量子隐形传态，即通过一部分粒子之间的纠缠，实现量子态的隐形传输。这对于量子通信安全协议和量子网络的构建都具有重要意义。通过充分利用部分纠缠的特性，可以实现远程量子操作、分布式量子信息处理和安全的量子通信，为构建大规模量子系统和应用提供了重要支持。

5.3.1 三粒子自旋 s 纠缠猫态

考虑三个自旋 s 粒子的纠缠猫态，在第 4.2.1 节中，我们已经定义了自旋投影算符 $\hat{s}\cdot\boldsymbol{r}$ 在任意测量方向上的自旋相干态[111]。通过式(5.6) 给出的相互独立的测量基矢，我们可以得到局域部分的测量结果关联概率，其表示为

$$p_{lc}(\boldsymbol{a}_1,\boldsymbol{a}_2,\boldsymbol{a}_3)=s^3\left(\sum_{i=1}^{4}\rho_{ii}^{lc}-\sum_{i=5}^{8}\rho_{ii}^{lc}\right)$$

局部密度算符的矩阵元素与式(5.7)具有相似的形式，只不过需要将其中的指数“2”替换为“4s”。例如，第一项可以表示为

$$\rho_{11}^{lc}=\sin^2\xi\prod_{i=1}^{3}K_{a_i}^{4s}+\cos^2\xi\prod_{i=1}^{3}\Gamma_{a_i}^{4s}$$

归一化局域关联概率表示为

$$p_{lc}(\boldsymbol{a}_1,\boldsymbol{a}_2,\boldsymbol{a}_3)=\frac{P_{lc}}{s^3}=-\cos(2\xi)\prod_{i=1}^{3}(K_{a_i}^{4s}-\Gamma_{a_i}^{4s}) \tag{5.20}$$

它使得广义贝尔类型不等式得以成立，其证明过程如下

$$\begin{aligned}&p_{lc}(\boldsymbol{a}_1,\boldsymbol{a}_2,\boldsymbol{a}_3)p_{lc}(\boldsymbol{a}_2,\boldsymbol{a}_3,\boldsymbol{a}_4)p_{lc}(\boldsymbol{a}_3,\boldsymbol{a}_4,\boldsymbol{a}_5)\\&\leqslant-\cos(2\xi)(K_{a_1}^{4s}-\Gamma_{a_1}^{4s})(K_{a_3}^{4s}-\Gamma_{a_3}^{4s})(K_{a_5}^{4s}-\Gamma_{a_5}^{4s})\\&\leqslant|p_{lc}(\boldsymbol{a}_1,\boldsymbol{a}_3,\boldsymbol{a}_5)|\end{aligned}$$

非局域密度算符矩阵元素可以表示为

$$\rho_{11}^{nlc}=\sin(2\xi)\prod_{i=1}^{3}(K_{a_i}^{2s}\Gamma_{a_i}^{2s})\cos\left[2s\left(\sum_{i=1}^{3}\phi_{a_i}\right)+2\eta\right]=\rho_{ii}^{nlc} \tag{5.21}$$

这个公式包含了特定的参数 $i=1$，2，3，4。存在下列关系式

$$\rho_{jj}^{nlc}=(-1)^{2s}\rho_{11}^{nlc}$$

其中，$j=5$，6，7，8。该关系式描述了非局域密度矩阵元素之间的相位差异。值得注意的是，这些非局域密度矩阵元素之间相差一个相位因子 $(-1)^{2s}=\exp(\mathrm{i}2s\pi)$，这个相位因子是由于南、北极规范下的自旋相干态之间的几何相位差异所导致的结果。当我们考虑南极和北极规范时，可以选择一个自旋方向（例如自旋朝上，也称为“北极”）作为测量的基准。在这种规范下，自旋相干态可以用相对于这个基准点的角度来描述。当我们旋转自旋相干态时，会引入一个几何相位因子，这是由自旋相干态的旋转特性所决定的。这个几何相位因子实际上描述了不同自旋相干态之间的几何关系。在研究自旋纠缠和自旋相干态的行为时，这些概念至关重要。它们有助于我们更深入地理解和描述多粒子系统中的自旋相互作用。

对于整数自旋的粒子，非局域量子关联会消失，这意味着广义贝尔类型不等式不会被违反。然而，对于半整数自旋的粒子，非局域量子关联概率会变为

$$p_{nlc}(\boldsymbol{a}_1,\boldsymbol{a}_2,\boldsymbol{a}_3)=2^{-3(2s-1)}\sin(2\xi)\left(\prod_{i=1}^{3}\sin^{2s}\theta_{a_i}\right)\cos\left[2s\left(\sum_{i=1}^{3}\phi_{a_i}\right)+2\eta\right] \tag{5.22}$$

在特定的极化角下（即设置为 $\theta_r=\pi/2$），总量子关联概率可以达到其最大违反界限值，这个总量子关联概率表示为

$$p(\boldsymbol{a}_1,\boldsymbol{a}_2,\boldsymbol{a}_3)=2^{-3(2s-1)}\sin(2\xi)\cos\left[2s\left(\sum_{i=1}^{3}\phi_{a_i}\right)+2\eta\right] \tag{5.23}$$

当测量在自旋相干态的子空间中进行时，量子关联概率会随着自旋的增大而逐渐减小。这是由于整个希尔伯特空间的维度 $(2s+1)^3$ 会随着自旋的增大而增大，但测量基矢的数量却保持不变，仅有 8 个。根据一些已有的观测结果[112-115]，当自旋趋近于无穷大时（即 $s\to\infty$），量子关联概率会趋于消失。在这种情况下，我们需要考虑相对或成比例的关联概率，这个概率表示为

$$p_{\mathrm{rl}}(\boldsymbol{a}_1,\boldsymbol{a}_2,\boldsymbol{a}_3)=\frac{p(\boldsymbol{a}_1,\boldsymbol{a}_2,\boldsymbol{a}_3)}{N} \tag{5.24}$$

其中，式(5.24) 中的 N 是一个归一化常数，为

$$N=\sum_{i=1}^{8}|\langle i|\psi\rangle|^2=\sum_{i=1}^{8}\rho_{ii}=2^{-3(2s-1)} \tag{5.25}$$

它表示由自旋相干态组成的 8 项测量基矢下纠缠态 $|\psi\rangle$ 的总概率。相对或成比例的关联概率是

$$p_{\mathrm{rl}}(\boldsymbol{a}_1,\boldsymbol{a}_2,\boldsymbol{a}_3)=\sin(2\xi)\cos\left[2s\left(\sum_{i=1}^{3}\phi_{a_i}\right)+2\eta\right] \tag{5.26}$$

为了简化表述，我们在后续的内容中不再为这个相对或成比例的关联概率添加特定的下标“rl”。量子关联概率差变为

$$p_{\mathrm{GB}}=-\sin(2s\phi_{a_2})\sin(2s\phi_{a_4})\sin[2s(\phi_{a_2}+\phi_{a_4})] \tag{5.27}$$

其中，态参数被设定为 $\xi=\eta=\pi/4$，测量方位角被设定为 $\phi_{a_1}=\phi_{a_3}=\phi_{a_5}=0$。当达到最大违反界限值时，这个界限值是一个固定的数值，即 $p_{\mathrm{GB}}^{\max}=1/2$。而此时的其余方位角取值与自旋为 1/2 的情况相同，即 $\phi_{a_2}=\phi_{a_4}=3\pi/(8s)$。

5.3.2 四粒子自旋 s 纠缠猫态

当我们考虑 4 个自旋为 s 粒子的纠缠猫态，并沿着任意方向对这 4 个粒子进行自旋状态测量时，所得的自旋相干态仍然可以组成第 5.2.2 节中的式(5.11) 所描述的 16 项测量基矢。遵循相同的计算步骤，我们可以得出局域关联概率的表达式，记作

$$p_{\mathrm{lc}}(\boldsymbol{a}_1,\boldsymbol{a}_2,\boldsymbol{a}_3,\boldsymbol{a}_4)=\prod_{i=1}^{4}(K_{a_i}^{4s}-\Gamma_{a_i}^{4s}) \tag{5.28}$$

这个表达式满足广义贝尔类型不等式。进一步证明如下

$$\begin{aligned}&p_{\mathrm{lc}}(\boldsymbol{a}_1,\boldsymbol{a}_2,\boldsymbol{a}_3,\boldsymbol{a}_4)p_{\mathrm{lc}}(\boldsymbol{a}_2,\boldsymbol{a}_3,\boldsymbol{a}_4,\boldsymbol{a}_5)\\&\times p_{\mathrm{lc}}(\boldsymbol{a}_3,\boldsymbol{a}_4,\boldsymbol{a}_5,\boldsymbol{a}_6)p_{\mathrm{lc}}(\boldsymbol{a}_4,\boldsymbol{a}_5,\boldsymbol{a}_6,\boldsymbol{a}_7)\\&\leqslant\prod_{i=0}^{3}(K_{a_{2i+1}}^{4s}-\Gamma_{a_{2i+1}}^{4s})\\&\leqslant|p_{\mathrm{lc}}(\boldsymbol{a}_1,\boldsymbol{a}_3,\boldsymbol{a}_5,\boldsymbol{a}_7)|\end{aligned}$$

对于整数自旋的粒子，非局域的量子关联概率会消失；而对于半整数自旋的粒子，非局域的量子关联概率则存在，具体表达式为

$$p_{\mathrm{nlc}}(\boldsymbol{a}_1,\boldsymbol{a}_2,\boldsymbol{a}_3,\boldsymbol{a}_4)=2^{-4(2s-1)}\sin(2\xi)\left(\prod_{i=1}^{4}\sin^{2s}\theta_{a_i}\right)\cos\left[2s\left(\sum_{i=1}^{4}\phi_{a_i}\right)+2\eta\right] \tag{5.29}$$

当极化角满足特殊条件 $\theta_i=\pi/2$ 时，总量子关联概率表示为

$$p(\boldsymbol{a}_1,\boldsymbol{a}_2,\boldsymbol{a}_3,\boldsymbol{a}_4)=2^{-4(2s-1)}\sin(2\xi)\cos\left[2s\left(\sum_{i=1}^{4}\phi_{a_i}\right)+2\eta\right] \tag{5.30}$$

接下来，我们考虑相对或成比例的关联概率 $p_{\mathrm{rl}}(\boldsymbol{a}_1,\boldsymbol{a}_2,\boldsymbol{a}_3,\boldsymbol{a}_4)=p(\boldsymbol{a}_1,\boldsymbol{a}_2,\boldsymbol{a}_3,\boldsymbol{a}_4)/N$，其中 $N=2^{-4(2s-1)}$。经过化简，这个相对或成比例的关联概率可以表示为

$$p_{\mathrm{rl}}(\boldsymbol{a}_1,\boldsymbol{a}_2,\boldsymbol{a}_3,\boldsymbol{a}_4)=\sin(2\xi)\cos\left[2s\left(\sum_{i=1}^{4}\phi_{a_i}\right)+2\eta\right] \tag{5.31}$$

此外，我们还可以计算量子关联概率差，记作

$$p_{\mathrm{GB}}=\sin^2[2s(\phi_{a_2}+\phi_{a_4})]\sin^2[2s(\phi_{a_4}+\phi_{a_6})] \tag{5.32}$$

其中也涉及态参数和测量方位角。当态参数取值为 $\xi=\eta=\pi/4$，且测量方位角取值为 $\phi_{a_1}=\phi_{a_3}=\phi_{a_5}=\phi_{a_7}=0$ 时，这个概率差会达到最大违反界限，此时的最大值为 $p_{\mathrm{GB}}^{\max}=1$，而对应的其余方位角是 $\phi_{a_2}=\phi_{a_4}=\phi_{a_6}=\pi/(8s)$。

5.3.3 多粒子自旋 s 纠缠猫态

根据前两小节的计算结果，我们可以归纳并总结出多粒子任意自旋纠缠猫态在违反广义贝尔类型不等式时的普遍规律。研究发现，对于沿着任意方向测量的局域关联概率，其表达式为

$$p_{\mathrm{lc}}(\boldsymbol{a}_1,\boldsymbol{a}_2,\cdots,\boldsymbol{a}_n)=\sum_{i=1}^{2^{n-1}}\rho_{ii}^{\mathrm{lc}}-\sum_{i=2^{n-1}+1}^{2^n}\rho_{ii}^{\mathrm{lc}} \tag{5.33}$$

当纠缠粒子数为奇数时，该表达式可以化简为

$$p_{\text{lc}}(\boldsymbol{a}_1,\boldsymbol{a}_2,\cdots,\boldsymbol{a}_n)=-\cos(2\xi)\prod_{i=1}^{n}(K_{a_i}^{4s}-\Gamma_{a_i}^{4s}) \tag{5.34}$$

而当纠缠粒子数为偶数时，式(5.33) 化简为

$$p_{\text{lc}}(\boldsymbol{a}_1,\boldsymbol{a}_2,\cdots,\boldsymbol{a}_n)=\prod_{i=1}^{n}(K_{a_i}^{4s}-\Gamma_{a_i}^{4s}) \tag{5.35}$$

对比多粒子自旋为 1/2 的纠缠猫态的局域关联概率［式(5.13) 和式(5.14)］，我们发现式(5.34) 和式(5.35) 具有相同的形式，只是将其中的变量进行了替换，即 $\cos\theta_{a_i}$ 替换为 $(K_{a_i}^{4s}-\Gamma_{a_i}^{4s})$。如果仅考虑多粒子的局域关联概率，那么广义贝尔类型不等式是成立的。进一步的研究发现，当纠缠粒子数为奇数时，有下列证明过程

$$\begin{aligned}
&p_{\text{lc}}(\boldsymbol{a}_1,\boldsymbol{a}_2,\cdots,\boldsymbol{a}_n)p_{\text{lc}}(\boldsymbol{a}_2,\boldsymbol{a}_3,\cdots,\boldsymbol{a}_{n+1})\times\cdots\times p_{\text{lc}}(\boldsymbol{a}_n,\boldsymbol{a}_{n+1},\cdots,\boldsymbol{a}_{2n-1})\\
&=\cos^{n-1}(2\xi)\prod_{i=2}^{n+1}(K_{a_i}^{4s}-\Gamma_{a_i}^{4s})^2\prod_{i=4}^{n+3}(K_{a_i}^{4s}-\Gamma_{a_i}^{4s})^2\prod_{i=6}^{n+5}(K_{a_i}^{4s}-\Gamma_{a_i}^{4s})^2\\
&\quad\times\cdots\times\prod_{i=n-1}^{2n-2}(K_{a_i}^{4s}-\Gamma_{a_i}^{4s})^2 p_{\text{lc}}(\boldsymbol{a}_1,\boldsymbol{a}_3,\cdots,\boldsymbol{a}_{2n-1})\\
&\leqslant|p_{\text{lc}}(\boldsymbol{a}_1,\boldsymbol{a}_3,\cdots,\boldsymbol{a}_{2n-1})|
\end{aligned}$$

当纠缠粒子数为偶数时，有下列证明过程

$$\begin{aligned}
&p_{\text{lc}}(\boldsymbol{a}_1,\boldsymbol{a}_2,\cdots,\boldsymbol{a}_n)p_{\text{lc}}(\boldsymbol{a}_2,\boldsymbol{a}_3,\cdots,\boldsymbol{a}_{n+1})\times\cdots\times p_{\text{lc}}(\boldsymbol{a}_n,\boldsymbol{a}_{n+1},\cdots,\boldsymbol{a}_{2n-1})\\
&=\prod_{i=2}^{n}(K_{a_i}^{4s}-\Gamma_{a_i}^{4s})^2\prod_{i=4}^{n+2}(K_{a_i}^{4s}-\Gamma_{a_i}^{4s})^2\prod_{i=6}^{n+4}(K_{a_i}^{4s}-\Gamma_{a_i}^{4s})^2\\
&\quad\times\cdots\times\prod_{i=n}^{2n-2}(K_{a_i}^{4s}-\Gamma_{a_i}^{4s})^2 p_{\text{lc}}(\boldsymbol{a}_1,\boldsymbol{a}_3,\cdots,\boldsymbol{a}_{2n-1})\\
&\leqslant|p_{\text{lc}}(\boldsymbol{a}_1,\boldsymbol{a}_3,\cdots,\boldsymbol{a}_{2n-1})|
\end{aligned}$$

我们发现一个普遍规律是整数自旋 s 时非局域关联概率消失，半整数自旋 s 时非局域关联概率仍然存在。正是由于非局域关联概率的存在导致了广义贝尔类型不等式的违反。当纠缠粒子数为奇数 n 时，非局域量子关联概率表示为

$$p_{\text{nlc}}(\boldsymbol{a}_1,\boldsymbol{a}_2,\cdots,\boldsymbol{a}_n)=2^{-n(2s-1)}\sin(2\xi)\left(\prod_{i=1}^{n}\sin^{2s}\theta_{a_i}\right)\cos\left[2s\left(\sum_{i=1}^{n}\phi_{a_i}\right)+2\eta\right] \tag{5.36}$$

根据式(5.34) 和式(5.36)，我们得到总量子关联概率 $p(\boldsymbol{a}_1,\boldsymbol{a}_2,\cdots,\boldsymbol{a}_n)$。当设置极化角为 $\theta_r=\pi/2$ 之后，总量子关联概率化简为

$$p(\boldsymbol{a}_1,\boldsymbol{a}_2,\cdots,\boldsymbol{a}_n)=2^{-n(2s-1)}\sin(2\xi)\cos\left[2s\left(\sum_{i=1}^{n}\phi_{a_i}\right)+2\eta\right] \quad (5.37)$$

随着自旋 s 的递减，数因子消除以后，我们得到了相对或成比例的关联概率。它是

$$p_{\mathrm{rl}}(\boldsymbol{a}_1,\boldsymbol{a}_2,\cdots,\boldsymbol{a}_n)=p(\boldsymbol{a}_1,\boldsymbol{a}_2,\cdots,\boldsymbol{a}_n)/N \quad (5.38)$$

并给出了归一化常数为

$$N=\sum_{i=1}^{2^n}|\langle i|\psi\rangle|^2=\sum_{i=1}^{2^n}\rho_{ii}=2^{-n(2s-1)} \quad (5.39)$$

令参数为 $\xi=\eta=\pi/4$ 后，相对或成比例的关联概率可以进一步化简为

$$p_{\mathrm{rl}}(\boldsymbol{a}_1,\boldsymbol{a}_2,\cdots,\boldsymbol{a}_n)=-\sin\left(2s\sum_{i=1}^{n}\phi_{a_i}\right) \quad (5.40)$$

当自旋为 s 时，量子关联概率差是

$$p_{\mathrm{GB}}=-\sin\left(2s\sum_{i=1}^{(n-1)/2}\phi_{a_{2i}}\right)\sin\left(2s\sum_{i=1}^{(n+1)/2}\phi_{a_{2i}}\right)\sin\left(2s\sum_{i=2}^{(n+1)/2}\phi_{a_{2i}}\right)\sin\left(2s\sum_{i=2}^{(n+3)/2}\phi_{a_{2i}}\right)$$
$$\times\sin\left(2s\sum_{i=3}^{(n+3)/2}\phi_{a_{2i}}\right)\sin\left(2s\sum_{i=3}^{(n+5)/2}\phi_{a_{2i}}\right)\times\cdots\times\sin\left(2s\sum_{i=(n+1)/2}^{n-1}\phi_{a_{2i}}\right)$$

此时测量方位角为 $\phi_{a_i}=0$（$i=1$，3，5，…，$2n-1$）。我们发现两个测量方位角分别是 $\phi_{a_{n-1}}=\phi_{a_{n+1}}=3\pi/(8s)$ 并且其他方位角是 $\phi_{a_{2i}}=0$ 时，广义贝尔类型不等式会达到最大违反界限值，其表示为

$$p_{\mathrm{GB}}^{\max}=-\sin(2s\phi_{a_{n-1}})\sin(2s\phi_{a_{n+1}})\sin^{n-2}[2s(\phi_{a_{n-1}}+\phi_{a_{n+1}})]=1/2 \quad (5.41)$$

显然纠缠粒子数为奇数时，广义贝尔类型不等式会达到最大违反界限值 1/2。而当纠缠粒子数为偶数时，总量子关联概率是

$$p(\boldsymbol{a}_1,\boldsymbol{a}_2,\cdots,\boldsymbol{a}_n)=\prod_{i=1}^{n}(K_{a_i}^{4s}-\Gamma_{a_i}^{4s})$$
$$+2^{-n(2s-1)}\sin(2\xi)\left(\prod_{i=1}^{n}\sin^{2s}\theta_{a_i}\right)\cos\left[2s\left(\sum_{i=1}^{n}\phi_{a_i}\right)+2\eta\right]$$

将极化角 $\theta_r=\pi/2$ 和参数 $\xi=\eta=\pi/4$ 代入上式后，可以得到化简后的表达式，其表示为

$$p_{\mathrm{rl}}(\boldsymbol{a}_1,\boldsymbol{a}_2,\cdots,\boldsymbol{a}_n)=-\sin\left(2s\sum_{i=1}^{n}\phi_{a_i}\right) \quad (5.42)$$

选择测量方向的方位角为 $\phi_{a_i}=0$（$i=1$，3，5，…，$2n-1$），可以

计算出量子关联概率差 p_{GB}，其表示为

$$p_{GB}=\sin^2\left(2s\sum_{i=1}^{n/2}\phi_{a_{2i}}\right)\sin^2\left(2s\sum_{i=2}^{n/2+1}\phi_{a_{2i}}\right)\sin^2\left(2s\sum_{i=3}^{n/2+2}\phi_{a_{2i}}\right)\cdots\sin^2\left(2s\sum_{i=n/2}^{n-1}\phi_{a_{2i}}\right)$$

在所有的方位角都有着相同的值 $\phi_{a_{2i}}=\phi$ 时，上式化简为

$$p_{GB}=\sin^n(ns\phi) \tag{5.43}$$

当 $\phi=\pi/(2ns)$ 时，最大违反界限值是 $p_{GB}^{max}=1$。如果测量仅仅限制在自旋相干态的子空间内，对于自旋为 s 的 n 粒子纠缠猫态而言，一定存在违反广义贝尔类型不等式的自旋宇称效应。此外，粒子数的奇偶性效应表明：当纠缠粒子数为奇数 n 时，广义贝尔类型不等式的最大违反界限是 $p_{GB}^{max}=1/2$；而当纠缠粒子数为偶数 n 时，广义贝尔类型不等式的最大违反界限是 $p_{GB}^{max}=1$。

此外，研究还发现，当纠缠猫态的两部分概率相等，即 $|c_1|^2=|c_2|^2=1/2$，以及测量方向均垂直于最初自旋极化的方向，即 $\theta_{a_i}=\pi/2$ 时，会出现广义贝尔类型不等式的最大违反界限值。这个最大违反界限值仅取决于纠缠猫态的相位角、态参数和测量方位角。在实验上，为了方便，可以选择特定的态参数 $\xi=\pi/4$，$\eta=0$，使得态参数是实数 $c_1=c_2=1/\sqrt{2}$。在这种情况下，粒子数的奇偶性效应仍然不变。当纠缠粒子数是偶数 n 时，测量方向的方位角有特定的取值，即 $\phi_{a_i}=\pi/(4ns)$，其中 $i=1，3，5，\cdots，2n-1$，或者 $\phi_{a_i}=3\pi/(4ns)$，其中 $i=2，4，6，\cdots，2(n-1)$。而当纠缠粒子数是奇数 n 时，设置方位角为 $\phi_{a_n}=\pi/(4s)$ 和 $\phi_{a_{n-1}}=\phi_{a_{n+1}}=3\pi/(8s)$，其余的角度都是零。

5.4 普适贝尔类型不等式推广到多粒子的经典证明

遵循贝尔不等式的理论推导框架并结合隐变量假设与局域实在论假设，本节工作成功地将原本适用于两粒子任意平行或反平行自旋极化纠缠猫态的普适贝尔类型不等式，拓展至适用于多粒子高自旋的纠缠猫态的广义贝尔类型不等式。这一推广同样涵盖了具有两粒子纠缠的薛定谔猫态，为

$$|\psi\rangle=c_1|+s,+s\rangle+c_2|-s,-s\rangle \tag{5.44}$$

其中，$|c_1|^2+|c_2|^2=1$，两个粒子的自旋测量结果的测量值定义为

$$A_1(\boldsymbol{a}_1)=\pm 1$$
$$A_2(\boldsymbol{a}_2)=\pm 1$$

这两个公式所表达的含义是，观测者需要分别沿着任意给定的测量方向 $\boldsymbol{a}_1$ 和 $\boldsymbol{a}_2$ 去观测粒子的自旋状态。其中“$+1$”代表自旋向上，“-1”代表自旋向下。对于两粒子系统，其测量结果的关联概率可以通过经典概率统计的方法来进行描述，为

$$\begin{aligned} p_{\mathrm{lc}}(\boldsymbol{a}_1,\boldsymbol{a}_2) &= \int \rho(\lambda) A_1(\boldsymbol{a}_1,\lambda) A_2(\boldsymbol{a}_2,\lambda)\mathrm{d}\lambda \\ &\equiv \langle A_1(\boldsymbol{a}_1) A_2(\boldsymbol{a}_2)\rangle \end{aligned}$$

这里的 $\rho(\lambda)$ 表示隐变量 λ 的概率密度分布，它满足归一化条件。两个测量事件之间的关联产物，可以通过下列表达式来描述。

$$\begin{aligned} & p_{\mathrm{lc}}(\boldsymbol{a}_1,\boldsymbol{a}_2) p_{\mathrm{lc}}(\boldsymbol{a}_2,\boldsymbol{a}_3) \\ &= \iint \rho(\lambda)\rho(\lambda') A_1(\boldsymbol{a}_1,\lambda) A_2(\boldsymbol{a}_2,\lambda) A_1(\boldsymbol{a}_2,\lambda') A_2(\boldsymbol{a}_3,\lambda')\mathrm{d}\lambda\,\mathrm{d}\lambda' \\ &\leqslant \left| \iint \rho(\lambda)\rho(\lambda') A_1(\boldsymbol{a}_1,\lambda) A_2(\boldsymbol{a}_3,\lambda')\mathrm{d}\lambda\,\mathrm{d}\lambda' \right| \\ &= |\langle A_1(\boldsymbol{a}_1)\rangle\langle A_2(\boldsymbol{a}_3)\rangle| \end{aligned} \tag{5.45}$$

高自旋纠缠的薛定谔猫态［具体形式如式(5.44) 所示］在平行极化配置下，满足特定的条件 $A_2(\boldsymbol{a}_2)=A_1(\boldsymbol{a}_2)$ 和 $A_2^2(\boldsymbol{a}_2)=1$。这意味着，当对两个粒子沿着同一方向进行自旋状态测量时，它们的结果总是相同的——要么都是自旋向上，要么都是自旋向下。这是一种理论上的理想设定，其中，若某次测量未能确定粒子的自旋状态，则将该情况标记为“0”。值得注意的是，即便在这 3 个任意选定的测量方向上存在未能测到自旋状态的情况，也不会影响该广义贝尔类型不等式的有效性。接下来，我们定义了经典概率的平均偏差这一概念，为

$$\Delta A_1 \equiv A_1(\boldsymbol{a}_1)-\langle A_1(\boldsymbol{a}_1)\rangle$$
$$\Delta A_2 = A_2(\boldsymbol{a}_3)-\langle A_2(\boldsymbol{a}_3)\rangle$$

其中，$\langle A_1(\boldsymbol{a}_1)\rangle=\int \rho(\lambda) A_1(\boldsymbol{a}_1,\lambda)\mathrm{d}\lambda$ ，$\langle A_2(\boldsymbol{a}_3)\rangle=\int \rho(\lambda) A_2(\boldsymbol{a}_3,\lambda)\mathrm{d}\lambda$，它们表示测量结果的平均值。偏差乘积的平均值记作

$$\begin{aligned} \langle \Delta A_1 \Delta A_2\rangle &= \langle [A_1(\boldsymbol{a}_1)-\langle A_1(\boldsymbol{a}_1)\rangle][A_2(\boldsymbol{a}_3)-\langle A_2(\boldsymbol{a}_3)\rangle]\rangle \\ &= \langle A_1(\boldsymbol{a}_1) A_2(\boldsymbol{a}_3)\rangle - \langle A_1(\boldsymbol{a}_1)\rangle\langle A_2(\boldsymbol{a}_3)\rangle \end{aligned}$$

因此，不等式式(5.45) 的右边等于

$$|\langle A_1(\boldsymbol{a}_1)\rangle\langle A_2(\boldsymbol{a}_3)\rangle|=|\langle A_1(\boldsymbol{a}_1)A_2(\boldsymbol{a}_3)\rangle-\langle \Delta A_1\Delta A_2\rangle|$$

因为 $\langle A_1(\boldsymbol{a}_1)A_2(\boldsymbol{a}_3)\rangle$ 和 $\langle \Delta A_1\Delta A_2\rangle$ 有着相同的符号，且它们之间存在关系

$$|\langle A_1(\boldsymbol{a}_1)A_2(\boldsymbol{a}_3)\rangle|\geqslant|\langle \Delta A_1\Delta A_2\rangle|$$

所以可以推导出下列不等式，有

$$|\langle A_1(\boldsymbol{a}_1)\rangle\langle A_2(\boldsymbol{a}_3)\rangle|\leqslant|\langle A_1(\boldsymbol{a}_1)A_2(\boldsymbol{a}_3)\rangle| \tag{5.46}$$

然后式(5.45) 变成下列不等式

$$\begin{aligned}&p_{\mathrm{lc}}(\boldsymbol{a}_1,\boldsymbol{a}_2)p_{\mathrm{lc}}(\boldsymbol{a}_2,\boldsymbol{a}_3)\\&\leqslant|\langle A_1(\boldsymbol{a}_1)\rangle\langle A_2(\boldsymbol{a}_3)\rangle|\\&\leqslant|\langle A_1(\boldsymbol{a}_1)A_2(\boldsymbol{a}_3)\rangle|\\&=|p_{\mathrm{lc}}(\boldsymbol{a}_1,\boldsymbol{a}_3)|\end{aligned} \tag{5.47}$$

因此，我们可以轻易地验证在特定条件 $n=2$ 下广义贝尔类型不等式的有效性。这一验证过程是基于密度算符的局域部分所代表的量子关联概率平均值来进行的。接下来，我们将通过以下表达式来具体阐述这一不等式的成立情况。

$$p_{\mathrm{lc}}(\boldsymbol{a}_1,\boldsymbol{a}_2)=\frac{1}{s^2}T\boldsymbol{r}\left[\hat{\rho}_{\mathrm{lc}}\hat{\Omega}(\boldsymbol{a}_1,\boldsymbol{a}_2)\right]$$

当 $s=1/2$ 时，局域关联概率的表示形式为

$$\begin{aligned}p_{\mathrm{lc}}(\boldsymbol{a}_1,\boldsymbol{a}_2)&=\cos\theta_{a_1}\cos\theta_{a_2}\\p_{\mathrm{lc}}(\boldsymbol{a}_2,\boldsymbol{a}_3)&=\cos\theta_{a_2}\cos\theta_{a_3}\\p_{\mathrm{lc}}(\boldsymbol{a}_1,\boldsymbol{a}_3)&=\cos\theta_{a_1}\cos\theta_{a_3}\end{aligned}$$

然后，该不等式的证明如下：

$$\begin{aligned}&p_{\mathrm{lc}}(\boldsymbol{a}_1,\boldsymbol{a}_2)p_{\mathrm{lc}}(\boldsymbol{a}_2,\boldsymbol{a}_3)\\&=\cos\theta_{a_1}\cos^2\theta_{a_2}\cos\theta_{a_3}\\&\leqslant|\cos\theta_{a_1}\cos\theta_{a_3}|\\&=|p_{\mathrm{lc}}(\boldsymbol{a}_1,\boldsymbol{a}_3)|\end{aligned} \tag{5.48}$$

该广义贝尔类型不等式对于两个观测者在任意 3 个方向上进行的测量均有效。显然，式(5.48) 是适用于描述两粒子纠缠猫态的普适贝尔类型不等式。当我们尝试将其推广到多粒子情形时，发现了一个有趣的规律。首先，我们考虑 3 个粒子的纠缠情况，进而再推广到多个粒子纠缠的情

形，以此来证明推广后的广义贝尔类型不等式。在推广的过程中，若粒子数为 $n=3$，则相应的纠缠猫态表述为

$$|\psi\rangle=c_1|+s,+s,+s\rangle+c_2|-s,-s,-s\rangle$$

它表示 3 个粒子的完全纠缠态，当测量其中一个粒子的自旋状态时，另外两个粒子的自旋状态也会被测量确定，即它们的自旋状态是相互关联的。3 位观测者分别沿着方向 $\boldsymbol{a}_1$、$\boldsymbol{a}_2$、$\boldsymbol{a}_3$ 测量 3 个粒子的自旋状态，此时自旋测量结果关联概率表示为

$$\begin{aligned}p_{\mathrm{lc}}(\boldsymbol{a}_1,\boldsymbol{a}_2,\boldsymbol{a}_3)&=\int\rho(\lambda)A_1(\boldsymbol{a}_1,\lambda)A_2(\boldsymbol{a}_2,\lambda)A_3(\boldsymbol{a}_3,\lambda)\mathrm{d}\lambda\\&\equiv\langle A_1(\boldsymbol{a}_1)A_2(\boldsymbol{a}_2)A_3(\boldsymbol{a}_3)\rangle\end{aligned}$$

3 位观测者各自沿着 3 个预先指定的方向进行观测后，他们所得到的观测结果之间存在一种关联产物，记作

$$\begin{aligned}&p_{\mathrm{lc}}(\boldsymbol{a}_1,\boldsymbol{a}_2,\boldsymbol{a}_3)p_{\mathrm{lc}}(\boldsymbol{a}_2,\boldsymbol{a}_3,\boldsymbol{a}_4)p_{\mathrm{lc}}(\boldsymbol{a}_3,\boldsymbol{a}_4,\boldsymbol{a}_5)\\&=\iiint\rho(\lambda)\rho(\lambda')\rho(\lambda'')\begin{bmatrix}A_1(\boldsymbol{a}_1,\lambda)A_2(\boldsymbol{a}_2,\lambda)A_3(\boldsymbol{a}_3,\lambda)\\\times A_1(\boldsymbol{a}_2,\lambda')A_2(\boldsymbol{a}_3,\lambda')A_3(\boldsymbol{a}_4,\lambda')\\\times A_1(\boldsymbol{a}_3,\lambda'')A_2(\boldsymbol{a}_4,\lambda'')A_3(\boldsymbol{a}_5,\lambda'')\end{bmatrix}\mathrm{d}\lambda\,\mathrm{d}\lambda'\mathrm{d}\lambda''\\&\leqslant\left|\iiint\rho(\lambda)\rho(\lambda')\rho(\lambda'')A_1(\boldsymbol{a}_1,\lambda)A_2(\boldsymbol{a}_3,\lambda')A_3(\boldsymbol{a}_5,\lambda'')\mathrm{d}\lambda\,\mathrm{d}\lambda'\mathrm{d}\lambda''\right|\\&=|\langle A_1(\boldsymbol{a}_1)\rangle\langle A_2(\boldsymbol{a}_3)\rangle\langle A_3(\boldsymbol{a}_5)\rangle|\end{aligned}$$

上式满足一些条件 $A_2(\boldsymbol{a}_2)=A_1(\boldsymbol{a}_2)$，$A_3(\boldsymbol{a}_3)=A_1(\boldsymbol{a}_3)$，$A_3(\boldsymbol{a}_4)=A_2(\boldsymbol{a}_4)$，$A_i^2(\boldsymbol{a}_i)=1$。根据不等式式(5.46)，我们可以证明出三粒子纠缠情况下的广义贝尔类型不等式的成立。过程如下：

$$\begin{aligned}&p_{\mathrm{lc}}(\boldsymbol{a}_1,\boldsymbol{a}_2,\boldsymbol{a}_3)p_{\mathrm{lc}}(\boldsymbol{a}_2,\boldsymbol{a}_3,\boldsymbol{a}_4)p_{\mathrm{lc}}(\boldsymbol{a}_3,\boldsymbol{a}_4,\boldsymbol{a}_5)\\&\leqslant|\langle A_1(\boldsymbol{a}_1)\rangle\langle A_2(\boldsymbol{a}_3)\rangle\langle A_3(\boldsymbol{a}_5)\rangle|\\&\leqslant|\langle A_1(\boldsymbol{a}_1)A_2(\boldsymbol{a}_3)\rangle\langle A_3(\boldsymbol{a}_5)\rangle|\\&\leqslant|\langle A_1(\boldsymbol{a}_1)A_2(\boldsymbol{a}_3)A_3(\boldsymbol{a}_5)\rangle|\\&=|p_{\mathrm{lc}}(\boldsymbol{a}_1,\boldsymbol{a}_3,\boldsymbol{a}_5)|\end{aligned}\tag{5.49}$$

对于任意粒子数的纠缠猫态，其表示形式已给出为

$$|\psi\rangle=c_1|+s\rangle^{\otimes n}+c_2|-s\rangle^{\otimes n}$$

当我们考虑 N 个观测者时，他们总共需要 $2n-1$ 个独立的测量方向，这些方向分别被标记为 $\boldsymbol{a}_1$，$\boldsymbol{a}_2$，$\boldsymbol{a}_3$，…，$\boldsymbol{a}_{2n-1}$。这些观测者之间的 n 部分关联产物直接导出了一个不等式，该不等式可以表示为

$$p_{\mathrm{lc}}(\boldsymbol{a}_1,\boldsymbol{a}_2,\cdots,\boldsymbol{a}_n)p_{\mathrm{lc}}(\boldsymbol{a}_2,\boldsymbol{a}_3,\cdots,\boldsymbol{a}_{n+1})p_{\mathrm{lc}}(\boldsymbol{a}_3,\boldsymbol{a}_4,\cdots,\boldsymbol{a}_{n+2})\cdots p_{\mathrm{lc}}(\boldsymbol{a}_n,\boldsymbol{a}_{n+1},\cdots,\boldsymbol{a}_{2n-1})$$

$$=\int\cdots\int\left(\prod_{i=1}^{n}\rho(\lambda_i)\mathrm{d}\lambda_i\right)\begin{bmatrix}A_1(\boldsymbol{a}_1,\lambda_1)A_2(\boldsymbol{a}_2,\lambda_1)A_3(\boldsymbol{a}_3,\lambda_1)\cdots A_n(\boldsymbol{a}_n,\lambda_1)\\ \times A_1(\boldsymbol{a}_2,\lambda_2)A_2(\boldsymbol{a}_3,\lambda_2)A_3(\boldsymbol{a}_4,\lambda_2)\cdots A_n(\boldsymbol{a}_{n+1},\lambda_2)\times\cdots\\ \times A_1(\boldsymbol{a}_n,\lambda_n)A_2(\boldsymbol{a}_{n+1},\lambda_n)A_3(\boldsymbol{a}_{n+2},\lambda_n)\cdots A_n(\boldsymbol{a}_{2n+1},\lambda_n)\end{bmatrix}$$

$$\leqslant\left|\int\cdots\int\left(\prod_{i=1}^{n}\rho(\lambda_i)\mathrm{d}\lambda_i\right)\left[A_1(\boldsymbol{a}_1,\lambda_1)A_2(\boldsymbol{a}_3,\lambda_2)\cdots A_n(\boldsymbol{a}_{2n-1},\lambda_n)\right]\right|$$

$$=|\langle A_1(\boldsymbol{a}_1)\rangle\langle A_2(\boldsymbol{a}_3)\rangle\cdots\langle A_n(\boldsymbol{a}_{2n-1})\rangle|$$

其中涉及的参数也一并给出（即 $A_i(\boldsymbol{a}_i)=A_j(\boldsymbol{a}_i)$，$A_i^2(\boldsymbol{a}_i)=1$）。给定的多粒子纠缠猫态具有一个特性：当所有观测者沿着同一方向观测自旋状态时，他们的观测结果必然相同，即要么所有观测者的结果都是自旋向下，要么都是自旋向上。基于这一特性和提到的式(5.46)，上述不等式可以进一步转化为

$$\begin{aligned}&p_{\mathrm{lc}}(\boldsymbol{a}_1,\boldsymbol{a}_2,\cdots,\boldsymbol{a}_n)p_{\mathrm{lc}}(\boldsymbol{a}_2,\boldsymbol{a}_3,\cdots,\boldsymbol{a}_{n+1})p_{\mathrm{lc}}(\boldsymbol{a}_3,\boldsymbol{a}_4,\cdots,\boldsymbol{a}_{n+2})\cdots p_{\mathrm{lc}}(\boldsymbol{a}_n,\boldsymbol{a}_{n+1},\cdots,\boldsymbol{a}_{2n-1})\\&\leqslant|\langle A_1(\boldsymbol{a}_1)\rangle\langle A_2(\boldsymbol{a}_3)\rangle\cdots\langle A_n(\boldsymbol{a}_{2n-1})\rangle|\\&\leqslant|\langle A_1(\boldsymbol{a}_1)A_2(\boldsymbol{a}_3)\cdots A_n(\boldsymbol{a}_{2n-1})\rangle|\\&=|p_{\mathrm{lc}}(\boldsymbol{a}_1,\boldsymbol{a}_3,\cdots,\boldsymbol{a}_{2n-1})|\end{aligned}\tag{5.50}$$

式(5.50) 就是一个广义贝尔类型不等式，它特别适用于描述多粒子高自旋的纠缠猫态。

本章小结

本章介绍了一种适用于多粒子任意自旋的纠缠猫态的广义贝尔类型不等式。该不等式遵循了原始的贝尔不等式框架，要求 n 个观测者总共选取 $2n-1$ 个测量方向去测量粒子的自旋状态。通过采用自旋相干态的量子概率统计方法，我们得以以统一的形式表达这一广义贝尔类型不等式及其可能的违反情况。纠缠猫态的密度算符被细分为局域部分和非局域部分。其中，局域部分反映了各粒子独立的状态，是广义贝尔类型不等式成立的基础；而非局域部分则描述了多粒子纠缠猫态中相干叠加的量子干涉效应，它是导致量子平均下不等式违反的关键因素。考虑 n 粒子的自旋为 1/2 的纠缠猫态，研究发现广义贝尔类型不等式的最大违反界限值与纠缠粒子数密切相关。当纠缠粒子数为奇数时，最大违反界限值为 $p_{\mathrm{GB}}^{\max}=1/2$；当

纠缠粒子数为偶数时，最大违反界限值为 $p_{GB}^{max}=1$。值得注意的是，在量子平均下，广义贝尔类型不等式适用于自旋值较高的多粒子纠缠猫态。进一步地，当测量结果局限于自旋相干态的子空间时，即仅考虑最大自旋值 $\pm s$，广义贝尔类型不等式的违反情况呈现出与自旋宇称相关的效应。具体而言，半整数自旋时会出现违反，而整数自旋时则不会违反。这种自旋宇称效应似乎源于南、北极规范下的自旋相干态之间的 Berry 相位。此外，对于任意自旋值，广义贝尔类型不等式的最大违反界限值同样取决于粒子数，这与自旋为 1/2 的情况类似。粒子数的宇称效应在量子信息领域，特别是与多粒子纠缠相关的研究中，具有一定的应用价值。

为了检验自旋宇称效应，可以利用自发参量下转换产生的轨道角动量纠缠光子对以及人造原子（如金刚石晶片中的电子自旋与单个氮空位缺陷中心的结合[42]）之间的宏观量子纠缠。贝尔不等式是否违反与量子关联概率有关，主要取决于量子相干性。最大违反的测量完全由非局域相干性引起，这有助于开发设备无关的纠缠证人。研究人员常常可以通过偏振纠缠光子来验证自旋为 1/2 的双粒子纠缠猫态。而对于高自旋纠缠猫态，研究者倾向于利用轨道角动量纠缠猫态来进行探索[116]。具体而言，采用两个拉盖尔-高斯模式构成的纠缠猫态，并通过纠缠浓缩技术加以处理[117]，是实现这一目标的有效手段。在实验中，研究人员可以通过两个探测器分别沿着任意设定的方向进行光子角动量的探测。当成功检测到自旋为 1 的纠缠猫态时，人们发现广义贝尔类型的不等式并未被违反。这一发现，实际上可以作为自旋宇称效应存在的一个有力证据。

然而，在实验上区分不违反的局域部分和违反的非局域部分是一个挑战。因为实际实验通常是同时验证这两部分的，而没有实现分别的检验。为了验证所提出的广义贝尔类型不等式并区分不违反和违反部分的量子信息，实验人员需要对纠缠猫态的局域部分和非局域部分进行提取。这在实际操作中较为困难，因为完全局域态（即所有非局域部分都为零）虽然可以通过非纠缠光子实现，但向其中加入一定成分的非局域部分则较为棘手。对于已制备的光子纠缠对来说，实现这两部分的分离并单独验证广义贝尔类型不等式的不违反和违反情况同样不易。可能需要在探测光子前引入纠缠调制的双光子操作。实验上区分局域部分和非局域部分有助于我们更准确地理解广义贝尔类型不等式违反的本质。因此，如何提升实验平台的操作水平以进行实验上的验证是一个值得深入思考的问题。

第6章

关于贝尔不等式的展望

本书深入探讨了贝尔类型不等式，具体涵盖了 Wigner 不等式、扩展贝尔不等式、普适贝尔类型不等式以及广义贝尔类型不等式等多个方面。在研究方法上，本书主要采用了粒子数关联概率的表示方法以及自旋相干态的量子概率统计方法进行分析与探讨。总结如下。

第 2 章将原本适用于两粒子反平行自旋极化纠缠态的 Wigner 不等式进行了扩展，推导出了适用于两粒子平行自旋极化纠缠态的修正 Wigner 不等式。这一修正不等式的应用条件设定为测量结果中两个粒子的自旋方向相反。值得注意的是，与经典概率统计的规律不同，在量子概率统计的框架下，无论是原始的 Wigner 不等式还是修正后的 Wigner 不等式，都有可能被违反。通过运用粒子数量子关联概率的表示方法，我们不仅得出了局域 Wigner 关联始终小于或等于零的结论，还确定了 Wigner 关联的最大违反程度。此外，这一基于纠缠粒子自旋得出的结论，同样适用于纠缠粒子的偏振情况。

第 3 章介绍了一种扩展贝尔不等式，该不等式既能应用于反平行自旋极化纠缠态，也适用于平行自旋极化纠缠态。首先，我们从经典概率统计的角度出发，结合粒子数关联概率的表示方法，对扩展贝尔不等式进行了分析和证明。随后，利用自旋相干态的量子概率统计方法，我们将态密度算符细分为局域和非局域两部分，以此来阐述扩展贝尔不等式的成立条件及其被违反的情况。研究发现，当初态为自旋单态时，扩展贝尔不等式的最大违反界限值并未达到理论上的最大值 2，而是小于这个值。是否能够达到最大违反界限值，取决于初态系数以及三个测量方向的取值。进一步地，当我们将研究对象从两粒子自旋转变为双光子偏振纠缠态时，依然能够观察到扩展贝尔不等式的最大违反界限值的存在。

第 4 章深入探讨了测量输出关联的全量子统计特性，特别是在考虑整个希尔伯特空间内的高自旋（超出自旋 1/2）情况时，发现贝尔不等式并未被违反。这一现象归因于非局域密度矩阵元素的相互抵消，导致量子关联概率与经典关联概率相等。然而，当我们将自旋测量结果的考察范围限定在自旋相干态的子空间内，即仅采用自旋最大值 $\pm s$ 时，本研究提出了一个普适贝尔类型不等式。这一不等式广泛适用于两粒子系统的任意自旋纠缠猫态。值得注意的是，传统的贝尔不等式主要适用于完备测量情况，而本研究提出的普适贝尔类型不等式则兼具灵活性，既适用于完备测量，也适用于不完备测量。进一步的研究揭示了一个有趣的自旋宇称效应：在半整数自旋的情况下，普适贝尔类型不等式会被违反；而在整数自旋的情况下，该不等式则成立。

第 5 章介绍了一种广义贝尔类型不等式，该不等式专为多粒子任意自旋纠缠的薛定谔猫态设计，可视为普适贝尔类型不等式在多粒子纠缠情境下的拓展。这一不等式在经典概率统计的框架下得到了验证。通过运用自旋相干态的量子概率统计方法，研究人员探究了该不等式的最大违反程度，并在此过程中发现了粒子数的宇称效应以及自旋宇称效应。进一步分析表明，自旋宇称效应的产生源于南极与北极规范下的自旋相干态之间存在的几何相位差异，即所谓的 Berry 相位。著者本人的主要学术论文涵盖了贝尔不等式的扩展研究[40,82,111,116] 以及非厄米 PT 对称量子系统中一维谐振子的理论模型探讨[118,119,120]。本书的核心研究聚焦于粒子数关联概率和基于自旋相干态的量子概率统计方法。在纠缠系统背景下，深入探究 Wigner 不等式和扩展贝尔不等式的最大违反界限值具有极其重要的意义。从粒子自旋和偏振的视角出发，此类研究能够为实验上验证 Wigner 不等式和扩展贝尔不等式的违反提供有力支持。同时，普适贝尔类型不等式和广义贝尔类型不等式在研究不完备测量情境时扮演着至关重要的角色。

1964 年，物理学家约翰·斯图尔特·贝尔提出了贝尔不等式，它是检验量子力学非局域性的一个关键工具。简而言之，它是一种标尺，用来衡量系统是否违反局域实在性原则。若系统违反贝尔不等式，则暗示了非局域相互作用的存在，这与经典物理学的观念相冲突。近年来，随着量子计算和量子通信领域的蓬勃兴起，贝尔不等式的研究也愈发受到关注。以下是几个可能的研究趋势与前景展望。首先，实验验证贝尔不等式方面，尽管过去数十年间已进行了众多实验来检验这一不等式，但这些实验仍然面临一些限制和挑战，例如难以完全排除隐变量的潜在影响。因此，未来的研究可致力于开发更加精确且复杂的实验设计，以期更准确地验证贝尔不等式的有效性，并建立更加可靠的量子测量方法。其次，贝尔不等式的扩展和推广也是一个重要的研究方向。除了原始的贝尔不等式外，人们已经提出了多种扩展和泛化的版本，如涉及多系统、复杂量子态的广义贝尔不等式，以及基于时间、多体系统和高维空间的贝尔不等式等。这些扩展和推广有助于我们更深入地理解非局域性在不同物理系统中的表现形式，并为实验设计提供有益的指导。此外，贝尔不等式在量子计算和量子通信中的应用也值得深入探索。作为基本的量子测量工具，贝尔不等式不仅可用于量子密钥分发等安全协议的设计，还可应用于量子隐形传输等方案。因此，未来的研究可以进一步挖掘贝尔不等式在量子计算和量子通信中的潜在价值，并推动新的量子技术和协议的发展。最后，研究贝尔不等式与其他重要概念之间的关系也是一项有意义的工作。贝尔不等式与纠缠、贝尔态、量子隐形传输以及违反 CHSH 不等式等概念和原理紧密相连。例如，在量子隐形传输中，研究人员利用事先建立的纠缠态，得到了信息的“隐形”传输，这一过程与贝尔不等式的验证密切相关。通过深入研究这些概念之间的关系，我们可以更全面地理解量子力学的非局域性和其他相关特性。

具体来说，量子隐形传输协议涵盖以下核心步骤。首先，建立纠缠态。发送者 Alice 与接收者 Bob 需共同生成一对处于纠缠态的量子比特，这意味着这两个量子比特的状态紧密相连。其次，进行信息编码。Alice 把待传输的信息加载到一个额外的量子比特上，并对其进行一系列操作。接下来，执行贝尔态测量。Alice 对它持有的信息量子比特及与之纠缠的量子比特实施一种特殊的测量，即贝尔态测量。此测量会促使 Bob 手中的量子比特发生相应变化，但真正的信息并未通过传统信道传递给 Bob。最后，传递测量结果。Alice 将贝尔态测量的结果告知 Bob，Bob 则依据这些结果对自己手中的量子比特执行一系列操作，以复原原始信息。这一系列步骤实现了信息的传输，且整个过程无需依赖传统通信信道，因此得名“隐形传输”。量子隐形传输的优势显著，得益于量子纠缠的特性，量子态信息在传输过程中难以被窃听或篡改，这为量子通信的安全性开辟了广阔的应用前景。然而，实际运用量子隐形传输技术仍面临诸多挑战，包括纠缠态的创建与维持、测量的精确性等，这些都亟待进一步的研究和技术突破。因此，未来的研究可进一步深入探讨这些概念间的关联，为我们带来更深层次的理解与更广泛的应用可能。

目前，我们的研究主要集中在多粒子高自旋纠缠的薛定谔猫态，但这一领域的探索有望扩展至更多种类的纠缠态。纠缠态，作为量子力学中一种独特而重要的状态，描述了多粒子系统中粒子间因量子纠缠而无法独立描述的状态。它们展现出诸如相互依存性和非局域性等奇异特性，在量子信息和量子计算等领域具有关键应用。这里简要介绍几种常见的纠缠态。①贝尔态，作为两个量子比特间最简单的纠缠态，是量子通信和量子加密的重要基础。②GHZ 态（Greenberger-Horne-Zeilinger State），涉及三个或更多量子比特的纠缠，展示了量子纠缠的非经典特性，如超密度编码和纠缠分布。③W 态（W State），是另一种多粒子纠缠态，它在量子误差纠正和量子通信等方面有着重要应用。纠缠态是纯态，也可以是混合态。纯态的纠缠态可用一个纯态描述，而混合态则需用密度矩阵来表征其纠缠性质。④Cluster 态（Cluster State），是一种特殊的纠缠态，由量子比特网络构成，能够实现量子计算，尤其在量子纠错编码和量子门操作中发挥重要作用。⑤NOON 态，是一种由两个或多个粒子组成的特殊纠缠态，在精密测量和量子干涉等领域有重要应用。⑥猫态，由量子比特和超导量子比特构成，是量子信息处理和量子纠错码等领域的重要工具。⑦狄拉克态（Dirac State），描述粒子和反粒子的纠缠，在高能物理学和量子场论等领域有重要意义。⑧薛定谔猫态，源于著名的“猫”思想实验，描述了量子系统处于叠加态的情况。⑨爱因斯坦-波多尔斯基-罗森纠缠态（即 EPR 态），用于描述两个粒子间的纠缠，对量子隐形传输和量子密钥分发等领域有重要应用。⑩自旋纠缠态，描述自旋间的纠缠关系，在量子计算和量子通信等领域有广泛应用。⑪时空纠缠态，是一个更为深奥的领域，它考虑了时空位置和量子态之间的纠缠。尽管仍处于探索阶段，但时空纠缠态的研究对于理解宇宙结构、黑洞信息悖论以及量子引力规律具有重要意义。⑫多模高斯态，也是一类重要的纠缠态。它们描述了具有多个自由度的系统中处于高斯分布的状态，通常用于描述光学和量子信息等领域的研究。多模高斯态是纠缠态，但并非所有多模高斯态都具备纠缠性质。它们在量子计算机、量子通信以及量子纠缠和非局域性等领域发挥着重要作用。

此外，本研究为实现自旋宇称效应的实验演示提供了理论基础。自旋宇称效应可能与 SO(3)群的流形拓扑结构相关，自旋宇称效应在凝聚态物理和粒子物理等领域都有重要的应用。拓扑（Topology）指的是空间和形状不变量的研究，其中“空间”可以是几何空间、拓扑空间或者更一般的数学结构。在物理学领域，拓扑这一概念用于描绘材料内部电子波函数如何在空间中分布，以及这些波函数如何在不同区域间发生相互作用的模式。在固体物理学中，拓扑通常被应用于研究拓扑绝缘体、拓扑超导体和拓扑半金属等物质。这些物质具有特殊的电子能带结构，其带隙在某些点或某些方向上被保护，在其他方向上则没有带隙。这种特殊的电子能带结构源于物质的拓扑性质，因此被称为“拓扑性能”。拓扑性能与物质的微观结构密切相关，通常需要通过实验或计算方法来研究。例如，拓扑绝缘体的表面态可以通过表面散射光谱实验来观测。另外，由于拓扑性能具有非常强的稳定性，因此拓扑材料具有很大的应用潜力，例如在量子计算、量子通信和新型能源等领域。

另外，SO(3)群是三维空间中旋转对称性的群，它描述了三维空间中物体的旋转性质，而它的拓扑结构与自旋宇称效应之间存在一定的联系。SO(3)群具有复杂的拓扑结构。拓扑结构描述了群元素之间的连接方式和拓扑不变性，而这种拓扑结构可能会影响到系统中自旋宇称效应的性质。在研究凝聚态物理系统中的自旋宇称效应时，人们常常关注与拓扑结构相关的物理现象，比如拓扑绝缘体、拓扑超导体等。这些系统中的自旋宇称效应往往受到了拓扑结构的影响，例如在拓扑绝缘体中，自旋-动量耦合与拓扑不变性相互作用，导致了一些特殊的自旋宇称效应。因此，可以说自旋宇称效应的某些方面与 SO(3)群的流形拓扑结构可能存在一定的相关性。研究人员正在探索拓扑结构如何影响自旋宇称效应，并且尝试利用拓扑工程的方法来调控自旋宇称效应，以期在新型材料和量子器件中实现更多的功能和性能。值得期待的是，未来的研究可能揭示自旋宇称效应的拓扑性质。

可以预见，粒子数宇称效应或自旋宇称效应在量子信息协议中将发挥作用，甚至可能导致新的发展。这些效应涉及对粒子数和自旋的操作和测量，可以用于实现量子通信、量子计算和量子密钥分发等协议。在量子通信中，粒子数宇称效应和自旋宇称效应可以用于保证通信的安全性和可靠性。例如，在量子密钥分发协议中，通过对自旋宇称效应进行测量和验证，可以确保密钥的安全性和秘密性。

在量子计算中，粒子数宇称效应和自旋宇称效应可以用于实现量子门操作和量子比特之间的纠缠。量子门操作是量子计算的基本操作，它是用来实现量子比特之间相互作用和耦合的过程。在经典计算中，逻辑门操作（如与门、或门等）可以被用来操纵和处理二进制比特。而在量子计算中，量子门操作则可以改变和操纵量子比特的状态。量子门操作可以被看作对量子比特的幺正变换。幺正变换是指保持内积不变的线性变换，它满足反转和复合律等性质。在量子计算中，幺正变换被用来实现量子态之间的转化和操纵。最常见的量子逻辑门主要包括单量子比特逻辑门和双量子比特逻辑门。单量子比特逻辑门用来操作单独的量子比特，如哈达玛（Hadamard）门、相位门（phase gate）、旋转门等。双量子比特逻辑门用来操作两个量子比特，如CNOT门、SWAP门、Toffoli门等。其中，最常见的量子逻辑门之一是CNOT门，也被称为控制非门，它是一个双量子比特门。CNOT门的作用是，在控制比特为1时，将目标比特取反；在控制比特为0时，使目标比特不变。CNOT门可以用来构建大部分的量子算法和量子纠缠态，因此是量子计算中非常重要的一个基本门。总体而言，量子门操作是量子计算中的基础，通过不同的量子门组合可以实现各种量子算法和量子电路。在实际应用中，如何设计和优化量子门序列，以及如何实现高精度的量子门操作，都是量子计算和量子通信研究中的重要问题。

通过控制和操作粒子数宇称效应和自旋宇称效应，可以构建量子比特之间的耦合和相互作用，实现量子计算的基本操作。粒子数宇称效应和自旋宇称效应在量子态工程中也具有重要作用。通过调控粒子数宇称效应和自旋宇称效应，可以实现量子态的制备和操控，例如制备特定的自旋态和纠缠态。需要注意的是，粒子数宇称效应和自旋宇称效应的具体应用与所使用的量子系统和协议有关。不同的实验设置和理论模型可能会利用不同的宇称效应来实现特定的量子信息任务。因此，在具体的量子信息协议中，需要根据系统的特点和需求来选择合适的宇称效应，并进行相应的设计和优化。

贝尔不等式是量子力学中用于检验局域实在论的一种方法。在传统的量子力学中，系统的演化由厄米哈密顿量描述，而贝尔不等式的研究通常基于局域实在论假设，即假设物理量的值是一开始就存在并且是确定的值。然而，近年来人们开始对非厄米哈密顿量的系统进行研究，这些系统具有耗散、开放等特征。非厄米哈密顿量是指在描述量子系统时，哈密顿量不满足厄米性质的情况。厄米性质是指一个算符的厄米共轭等于它本身，即 $\hat{A}^{\dagger}=\hat{A}$。哈密顿量一般分为厄米哈密顿量和非厄米哈密顿量。厄米哈密顿量有着实数本征值，非厄米哈密顿量有着复数本征值。而在非厄米哈密顿量中划分出一类赝厄米哈密顿量和一类PT对称哈密顿量，它们都有着实数本征值。在量子力学中，哈密顿量是描述系统演化的重要物理量，因此非厄米哈密顿量的出现会对量子系统的性质和演化产生影响。根据量子力学的一般框架，非厄米哈密顿量可以表示为一个厄米算符 $\hat{H}$ 加

上一个厄米算符 $\hat{V}$ 的反厄米部分，即 $\hat{H}=\hat{H}^{\dagger}+i\hat{V}$。这里，$\hat{H}^{\dagger}$ 表示 $\hat{H}$ 的厄米共轭，i 是虚数单位。根据 $\hat{V}$ 的不同形式，非厄米哈密顿量可以被进一步分类。

对于非厄米哈密顿量，一般来说其本征值是复数，这使得其本征态的归一化和一些物理量的计算变得困难。为了解决这个问题，人们引入了赝厄米哈密顿量和 PT 对称哈密顿量。

赝厄米哈密顿量是指满足 $\hat{\eta}\hat{H}\hat{\eta}^{-1}=\hat{H}^{\dagger}$ 的哈密顿量，其中 $\hat{\eta}$ 是一个满足 $\hat{\eta}^{\dagger}=\hat{\eta}$ 且 $\hat{\eta}^{2}=1$ 的厄米算符。赝厄米哈密顿量的本征值均为实数，这意味着在处理其本征态的归一化以及物理量的计算时，可以遵循与厄米哈密顿量相似的方法和步骤。而当 $\hat{\eta}$ 具有物理意义时，赝厄米哈密顿量也可以被视为是一个物理可实现的哈密顿量。例如，在光学中，$\hat{\eta}$ 可以被认为是时间反演算符，赝厄米哈密顿量描述的是具有吸收或放大特性的光学系统。

PT 对称哈密顿量是指满足对易关系 $[PT, H]=0$ 的哈密顿量，其中 P 表示空间反演算符或是宇称算符，T 表示时间反演算符。在 PT 变换下，量子力学中基本对易关系不变，$[\hat{x}, \hat{p}]=i\hbar$。在 PT 变换下，非厄米哈密顿量没有变化。PT 对称哈密顿量的本征值也是实数，因此其本征态也具有完备性和正交性。

对于一个非厄米算符，其右本征态（右矢量）和相应的转置复共轭的左本征态（左矢量）之间通常是正交归一的关系，是所谓的双正交基，它指一个向量空间中存在两组互相正交归一的基向量集合。在光学中，PT 对称哈密顿量描述的是具有相位调控特性的光学系统，例如具有激光束合成、光学拓扑绝缘等功能的器件。

总之，赝厄米哈密顿量和 PT 对称哈密顿量都是非厄米哈密顿量的一种特殊形式。它们能够使得非厄米哈密顿量的本征值变为实数，从而使得物理计算更加方便。不同类型的非厄米哈密顿量具有不同的物理意义和应用场景，因此人们需要根据实际问题选择适当的哈密顿量来描述系统的演化和性质。

① PT 对称性破缺的哈密顿量。PT 对称性指的是对于波函数的空间反演转化和时间反演转化，系统的物理性质保持不变的性质。然而，当哈密顿量存在一定的不对称性时，PT 对称性会发生破缺。这类哈密顿量通

常与光学、声学和冷原子物理等领域相关。

② 放射性衰变的哈密顿量。这类哈密顿量通常用于描述放射性核素的衰变过程。由于放射性核素的衰变是一个非指数性质的过程，因此需要使用非厄米哈密顿量来描述。在量子力学中，放射性衰变可以用哈密顿量来描述。放射性衰变是指原子核内部的一种衰变过程，其特征是原子核释放出粒子或电磁辐射转变成另一种核。放射性衰变的哈密顿量通常可以分为两部分：原子核的内部哈密顿量和与外部场相互作用的哈密顿量。

a. 原子核的内部哈密顿量。这部分描述了原子核内部粒子（质子、中子等）之间的相互作用。原子核内部的粒子相互作用可以用一些核力模型来描述，例如壳层模型、液滴模型、核壳模型等。这些模型对应的哈密顿量描述了核内部的能级结构和相互作用。

b. 与外部场相互作用的哈密顿量。放射性衰变通常伴随着原子核与外部场的相互作用，例如引入强磁场或者外加的电场。人们可以通过相应的哈密顿量来描述这些外部场的影响。

需要注意的是，放射性衰变是一个涉及弱相互作用的过程，因此在描述放射性衰变的哈密顿量时，通常需要考虑弱相互作用的影响。弱相互作用的描述涉及费米子场的量子场论，包括了 W 和 Z 玻色子的交换等过程。总的来说，放射性衰变的哈密顿量是一个复杂的量子力学系统，需要综合考虑原子核内部的相互作用、外部场的影响以及弱相互作用的效应。这些因素共同构成了描述放射性衰变的哈密顿量。

在量子力学中，非厄米哈密顿量描述了开放量子系统或耗散系统的动力学行为，包括能级的衰减、动力学演化等现象。放射性衰变涉及原子核内部粒子的衰变过程，这是一个开放量子系统，会涉及原子核内部粒子与外部环境之间的相互作用和能量交换。这种相互作用导致了复数形式的能级，从而使描述放射性衰变的哈密顿量成为非厄米的哈密顿量。非厄米哈密顿量在描述耗散系统、开放系统和量子力学中的衰减过程等方面具有重要应用。通过非厄米哈密顿量，我们可以研究开放量子系统的动力学行为，揭示系统能级的衰减规律，以及描述系统与环境之间的相互作用。因此，放射性衰变的哈密顿量通常被视为非厄米的，以更好地描述放射性衰变过程中原子核内部粒子的动力学行为和能级的演化。

③ 开放性量子系统的哈密顿量。开放性量子系统是指与外部环境存在耦合的量子系统。这类系统的演化通常不能用厄米哈密顿量来描述，而

需要使用非厄米哈密顿量。开放性量子系统的哈密顿量通常由两部分构成：系统自身的哈密顿量和系统与外部环境之间的相互作用哈密顿量。这两部分哈密顿量可以写成 $H=H_{\mathrm{sys}}+H_{\mathrm{int}}$。其中，$H_{\mathrm{sys}}$ 是系统自身的哈密顿量，它描述了系统内部的粒子或者子系统的相互作用，例如自旋哈密顿量；H_{int}是系统与外部环境之间的相互作用哈密顿量，它描述了系统和环境之间的相互作用，包括耦合场、散射、退相干等过程。开放性量子系统的哈密顿量通常是非厄米的形式。在描述开放性量子系统的动力学行为时，我们通常使用密度矩阵来描述系统的状态。开放性量子系统的哈密顿量在许多领域中都有广泛的应用，如量子光学、量子信息处理、量子热力学等。通过研究开放性量子系统的哈密顿量和动力学行为，我们可以更好地理解量子系统的演化规律和量子信息的传递过程，推动量子技术的发展和应用。

④ 多体相互作用的哈密顿量。多体相互作用是指量子系统中多个粒子之间的相互作用。这类相互作用通常很难用厄米哈密顿量来描述，而需要用到非厄米哈密顿量。

非厄米哈密顿量的出现是量子系统复杂性的一种体现。它在量子光学、凝聚态物理、核物理等领域都有广泛的应用。对于不同类型的非厄米哈密顿量，我们需要采用不同的方法和技术来研究其物理性质和演化规律。在描述多体系统时，研究人员在相互作用项引入了复数形式的能级，从而使得哈密顿量成为非厄米的形式。在量子力学中，相互作用势能用来描述多体系统的相互作用，这会导致系统的哈密顿量具有非厄米性质。非厄米哈密顿量在描述开放量子系统、耗散系统和量子衰减等现象时具有重要应用，因为它可以更好地描述系统与环境之间的相互作用和能量交换过程。在研究多体系统的动力学行为和能级演化时，非厄米哈密顿量提供了一种有效的框架。通过对非厄米哈密顿量的分析，我们可以揭示系统的衰减规律及动力学演化，从而更好地理解多体系统中的相互作用效应和量子态的演化过程。

在这种情况下，贝尔不等式的应用也得到了一定的拓展。在非厄米系统中，贝尔不等式的研究主要集中在两个方面。一方面是针对非厄米系统的局域实在论的探讨，即研究非厄米系统是否仍然满足局域实在论假设。局域实在论认为物理量的值在开始时就存在且是确定的值。然而，在非厄米系统中，由于演化过程中存在耗散、放射和增益等非幺正过程，物理量的演化可能会受到非幺正性的影响，因此局域实在论的适用性成为一个重要问题。这方面的研究可以揭示非厄米系统中的量子与经典之间的关系。另一方面是非厄米系统中的量子纠缠和非局域性，也是贝尔不等式研究的重要方向。量子纠缠是量子力学的核心概念之一，描述了处于纠缠态的多体系统间的非经典相关性。在非厄米系统中，量子纠缠效应可能会发生变化，导致系统的纠缠性质有所不同。因此，研究非厄米系统中的量子纠缠效应以及是否存在类似于贝尔不等式的不等式，用于检验非局域性或其他相关的量子特性，具有重要的意义。这项研究有助于我们深入理解非厄米系统中的量子相干性。目前，对于非厄米哈密顿量而言，贝尔不等式的研究还处于起步阶段，仍然存在许多待解决的问题和需面对的挑战。这个领域的发展将会为非厄米系统中的量子行为提供一种新的方法和视角。通过对非厄米系统的研究，我们可以深入理解非幺正演化对量子态和相关性质的影响。这种研究不仅在理论上具有挑战性，也对实验上的观测和验证提出了新的要求。因此，科学家们致力于开展实验和理论上的研究，以探索非厄米系统中的量子纠缠效应、非局域性以及局域实在论的适用性。这些努力有望推动我们对非厄米系统的理解，并为量子信息处理和量子技术的发展提供新的思路和潜力。

研究贝尔不等式可以从两个不同的角度入手：一是直接基于纠缠态分析；二是从特定的含时哈密顿量出发，先求解其本征态，再展开相关研究。这两种方法在研究量子纠缠及验证贝尔不等式时各自展现出独特的优势。一方面，从纠缠态的视角探究贝尔不等式，能够更为直观地揭示量子纠缠的本质特征以及量子非局域性。通过精心设计的纠缠态，可以直观地展示违反贝尔不等式的现象，从而有力证明量子力学的非局域性及其超越经典理论范畴的特性。例如，采用贝尔态，研究人员可以清晰地展示两个空间上分隔的子系统间存在的奇异关联性，这是经典物理学所无法诠释的现象。另一方面，从给定的含时哈密顿量出发，我们通过求解其本征值问题来获得系统的本征态，也是一种有效的研究方法。这些本征态，其中有一些具备纠缠性质，从而为进一步探究系统的动力学行为和态的时间演化提供了基础。这种途径使我们能够从更广泛的动力学视角来理解和分析量子纠缠及其与贝尔不等式的关系。例如，在量子信息处理中，可以通过设计特定的含时演化来生成目标的纠缠态，以实现量子计算或者量子通信的应用。这两种方法在研究量子纠缠和贝尔不等式方面都非常有效，它们提供了不同的视角和工具，有助于深入理解量子力学中的非经典现象和量子态的特性。

当从非厄米的含时哈密顿量出发进行研究时，系统的演化可能会导致原本的纠缠态变化，进而影响态密度矩阵的演化。这种演化可能导致贝尔不等式的违反出现新的变化。在量子力学中，系统的演化由含时哈密顿量描述，而非厄米的含时哈密顿量可以描述一些开放性系统或者耗散性系统，其演化可能涉及能级的非厄米 PT 对称性等特殊性质。这种情况下，系统的状态演化可能不再保持幺正性，导致系统的态改变。在这样的情况下，受到非幺正演化的影响，原本的纠缠态改变，导致纠缠性质的改变。这样的变化会反映在系统的态密度矩阵上，可能导致新的态密度矩阵结构和性质。因此，贝尔不等式的违反情况也可能会有所不同，出现新的变化和特征。总的来说，从非厄米的含时哈密顿量的角度进行研究，可以带来对于系统演化和量子态变化的更为全面和深入的理解，可能会展现出不同于传统情况下的量子态演化特性和贝尔不等式验证结果。

近些年来，科研工作者对适用于各类粒子的贝尔不等式进行了更为深入的探究。例如，某些研究人员提出了适用于光子、引力子、费米子和介子 2-2 散射的贝尔不等式[120]。除了光子、引力子、费米子和介子，还存在许多其他类型的粒子。以下是一些常见的粒子类型。

① 强子。强子是由夸克组成的粒子，包括质子和中子。它们是稳定的、受强核力约束的粒子。

② 轻子。轻子是一类带电的基本粒子，包括电子、μ 子（μ 介子的核心成分）和 τ 子（τ 介子的核心成分）。轻子具有稳定的电荷和质量。

③ 中微子。中微子是一类几乎没有质量且几乎没有电荷的粒子。它们与弱相互作用发生作用，并在粒子物理学中起着重要作用。中微子有电子中微子、μ 中微子和 τ 中微子三种类型。

④ 夸克。夸克是构成强子（如质子和中子）的基本粒子。夸克是一种费米子，具有半整数自旋。它们是物质的基本组成部分，被认为是真正的基本粒子，无法被进一步分解。夸克可以携带正电荷、负电荷或中性电荷，其电荷量是电子电荷的三分之一或两倍。夸克之间通过交换胶子（一种介导强相互作用的粒子）来感受到强核力，使它们紧密地结合在一起形成强子。夸克永远无法孤立存在，只能以复合的方式存在于强子中。夸克的性质和行为是粒子物理学中的重要研究对象，对于理解物质的微观结构

和强相互作用起着关键作用。

⑤ W 和 Z 玻色子。W 和 Z 玻色子是负责弱相互作用的粒子，例如放射性衰变中的粒子转换过程。

这只是其中一些粒子的例子，粒子物理学研究发现了更多的粒子类型，并持续探索新的可能性。文献［120］中的引力子是一种质量为零的基本粒子，它是负责传递引力相互作用的粒子。根据量子场论的观点，引力子是引力场的量子。在广义相对论中，引力被描述为时空弯曲，而引力子则被认为是传递这种弯曲的场的粒子。需要注意的是，尽管引力子在理论上是存在的，但目前还没有观测到引力子，这是因为引力子的相互作用非常微弱，远远弱于其他相互作用（比如电磁相互作用）。由于引力子的这种微弱相互作用，至今科学家们尚未成功地观测到引力子，这也是目前理论物理中一个重要的难题。引力子是标准模型之外的粒子，标准模型无法很好地描述引力子的性质。因此，物理学家们一直在寻求一种能统一引力子和其他粒子的理论，这就是著名的引力量子化问题。一些理论物理的候选理论试图解决这一难题，希望能够给出引力子的完整描述，并将引力与其他基本相互作用统一起来。

此外，文献［122］中的介子散射是一种重要的粒子物理过程，可以帮助我们理解强相互作用的性质。在介子散射中，两个介子相互作用并发生散射，从而改变它们的动量和能量状态。2-2 介子散射指的是两个介子之间的散射过程，其中每个介子都包括两个夸克和两个反夸克（或介子与反介子），因此总共涉及 4 个夸克的相互作用。在这种散射过程中，介子之间会发生相互作用，通过交换介子之间的动量和能量，导致它们的运动状态发生变化。介子散射是研究强相互作用的重要手段之一，通过观察介子之间的散射过程可以得到关于介子相互作用力的信息。实验上可以通过加速器产生介子并让它们相互作用，然后通过探测器来检测散射产生的粒子，从而研究介子之间的相互作用规律。对于 2-2 介子散射，理论物理学家和实验物理学家可以通过精密的计算和实验来研究介子之间的相互作用力，揭示介子内部结构以及强相互作用的规律。这对于我们理解基本粒子的性质和相互作用机制具有重要意义。

贝尔测试在量子物理学界被视为一块重要的检验石。尽管在过去的半个世纪中，科学家们已在多种量子系统中进行了深入探索，但直到 2023 年，才成功实现了无漏洞的实验验证。这些里程碑式的实验涵盖了氮空位中心、光学光子以及中性原子自旋等领域。而在最新的研究中，科学家们利用超导电路首次实现了对贝尔不等式的无漏洞违反[122]。为了评估CHSH型的贝尔不等式，他们精确制备了一对纠缠的量子比特，并通过一条长达30m的低温连接线将这对量子比特相连，随后迅速且高精度地随机选择测量基进行测量。

并且，科研工作者对玻色子与贝尔不等式的违反关系的探究有了进一步发展。例如，某些研究人员探讨了矢量玻色子散射的量子特性[123]与纠缠和违反贝尔不等式的关系。他们的目的是确定散射结果后最终矢量玻色子纠缠的相空间区域，以及是否有可能在这些区域中测试贝尔不等式。他们发现，在所有情况下，纠缠确实存在。它的数量取决于过程，并且在某些特定的通道中达到最大纠缠状态。这项工作是分析这类过程的量子特性的第一步，通过蒙特卡罗模拟，利用量子层析技术从实验数据中重建极化密度矩阵和相关的量子参数。

蒙特卡罗模拟是一种基于随机数的计算方法，将随机事件的概率分布转化为随机数的抽样，通过大量的重复试验来估计概率和统计量。它得名自蒙特卡罗赌场，因为它的设计灵感来自于赌博游戏的随机性质。蒙特卡罗模拟在各个领域都有广泛应用，如物理、生物、金融、工程等。在物理学中，蒙特卡罗模拟常用于计算复杂系统的行为，例如分子运动、相变、液滴形态等。在生物学中，蒙特卡罗模拟可以用来研究蛋白质结构、细胞行为等。在金融学中，蒙特卡罗模拟可以用来模拟投资组合的表现、风险价值等。在工程学中，蒙特卡罗模拟可以用来评估风险、可靠性等。蒙特卡罗模拟的优点是可以处理高维度的问题，并且不依赖于解析解。同时，通过增加模拟次数，可以提高结果的准确性。缺点是需要大量的计算资源，以及对随机数生成器和概率分布的准确性要求较高。

量子层析技术是一种利用量子计算机进行优化的方法，旨在求解复杂的组合优化问题。量子层析技术可以应用于许多实际问题，例如图形分割、物体识别、信号处理等。其中，最重要的应用之一是在化学领域中的计算化学。通过量子层析技术，可以模拟分子之间的相互作用，预测它们的能量和结构，为新药品的研发提供支持。量子层析技术的核心是量子退火算法，它通过在量子计算机的量子比特之间进行交换、翻转等操作，逐步减小系统的能量，最终得到最优解。由于这个过程涉及量子态的叠加和干涉，因此需要严格的量子力学描述，包括哈密顿量的构建、量子比特的编码、量子退火算法的设计等。尽管量子层析技术在理论上有很大潜力，但由于量子计算机的硬件和软件限制，实际应用还面临着许多挑战。例如，量子比特的易失性、干扰和噪声问题以及量子退火算法的可伸缩性等。因此，目前的研究重点是提高量子计算机的可靠性，以及进一步拓展应用领域。

此外，当我们考虑涉及三个或更多粒子的系统时，量子相关性可能会展现出比所谓的局域隐变量模型所能产生的相关性更强烈的特征。在这个模型中，研究人员构造了一组不等式来检测多粒子系统中的非局域性[124]。

总之，贝尔不等式的研究是一个热门课题，不仅限于高自旋量子系统，还可扩展到其他物理模型中，如光子对的量子纠缠、超导量子比特等。在这些物理系统中，贝尔不等式的研究不仅有助于加深我们对量子力学本质的理解，还为量子通信、量子计算等领域的发展提供了重要的理论指导。为了进一步拓展这些研究方向，我们将加强对多粒子纠缠态的探索，包括但不限于自旋宇称效应和其他类型的纠缠态。通过实验演示和理论分析，我们将揭示更多纠缠态的性质和应用。我们将深入研究贝尔不等式及其扩展，探索其在不完备测量方案中的应用。我们将考虑更广泛的物理模型，并将贝尔不等式与其他量子信息科学领域的理论和实验相结合，以推动该领域的发展。

参考文献

[1] 朗道．量子力学（非相对论理论）[M]. 北京：高等教育出版社，2008.

[2] KWIAT P G，BARRAZA-LOPEZ S，STEFANOV A，et al. Experimental entanglement distillation and “hidden” non-locality [J]. Nature，2001，409 (6823)：1014.

[3] POPESCU S. Dynamical quantum non-locality [J]. Nature Physics，2010，6 (3)：151.

[4] EINSTEIN A，PODOLSKY B，ROSEN N. Can quantum-mechanical description of physical reality be considered complete? [J]. Physical Review，1935，47 (10)：777.

[5] LIANG J Q，WEI L F. New advances in quantum physics [M]. Beijing：Science Press，2020.

[6] BELL J S. On the Einstein-Podolsky-Rosen paradox [J]. Physics Physique Fizika，1964，1 (3)：195.

[7] 曾谨言．量子力学 [M]. 北京：科学出版社，2007.

[8] SCHRÖDINGER E. Die gegenwärtige situation in der quantenmechanik [J]. Naturwissenschaften，1935，23 (50)：844-849.

[9] WANG D Z，GAUTHIER A Q，SIEGMUND A E，et al. Bell inequalities for entangled qubits：quantitative tests of quantum character and nonlocality on quantum computers [J]. Physical Chemistry Chemical Physics，2021，23 (11)：6370-6387.

[10] BÄUMER E，GISIN N，TAVAKOLI A. Demonstrating the power of quantum computers，certification of highly entangled measurements and scalable quantum nonlocality [J]. npj Quantum Information，2021，7 (1)：1-6.

[11] LUO M X. Fully device-independent model on quantum networks [J]. Physical Review Research，2022，4 (1)：013203.

[12] BRITO S G A，AMARAL B，CHAVES R. Quantifying Bell nonlocality with the trace distance [J]. Physical Review A，2018，97 (2)：022111.

[13] HESS K，RAEDT H D，MICHIELSEN K. Analysis of Wigner's set theoretical proof for Bell-type inequalities [J]. Journal of Modern Physics，2017，8 (1)：57-67.

[14] GRÖBLACHER S, PATEREK T, KALTENBAEK R, et al. An experimental test of non-local realism [J]. Nature, 2007, 446 (7138): 871.

[15] BUHRMAN H, CLEVE R, MASSAR S, et al. Nonlocality and communication complexity [J]. Reviews of Modern Physics, 2010, 82 (1): 665-698.

[16] CABELLO A, SCIARRINO F. Loophole-free Bell test based on local precertification of photon's presence [J]. Physical Review X, 2012, 2 (2): 021010.

[17] GARCÍA-PATRÓN R, FIURÁŠEK J, CERF N J, et al. Proposal for a loophole-free Bell test using homodyne detection [J]. Physical Review Letters, 2004, 93 (13): 130409.

[18] POZSGAY V, HIRSCH F, BRANCIARD C, et al. Covariance Bell inequalities [J]. Physical Review A, 2017, 96 (6): 062128.

[19] WEI L F, LIU Y, NORI F. Testing Bell's inequality in a constantly coupled Josephson circuit by effective single-qubit operations [J]. Physical Review B, 2005, 72 (10): 104516.

[20] ANSMANN M, WANG H, BIALCZAK R C, et al. Violation of Bell's inequality in Josephson phase qubits [J]. Nature, 2009, 461 (7263): 504.

[21] TEENI A, PELED B Y, COHEN E, et al. Multiplicative Bell inequalities [J]. Physical Review A, 2019, 99 (4): 040102.

[22] PANERU D, TEENI A, PELED B Y, et al. Experimental tests of multiplicative Bell inequalities and the fundamental role of local correlations [J]. Physical Review Research, 2021, 3 (1): L012025.

[23] WALDHERR G, NEUMANN P, HUELGA S F, et al. Violation of a temporal Bell inequality for single spins in a diamond defect center [J]. Physical Review Letters, 2011, 107 (9): 090401.

[24] SAKAI H, SAITO T, IKEDA T, et al. Spin correlations of strongly interacting massive fermion pairs as a test of Bell's inequality [J]. Physical Review Letters, 2006, 97 (15): 150405.

[25] PÁL K F, VÉRTESI T. Family of Bell inequalities violated by higher-dimensional bound entangled states [J]. Physical Review A, 2017, 96 (2): 022123.

[26] ROWE M A, KIELPINSKI D, MEYER V, et al. Experimental violation of a Bell's inequality with efficient detection [J]. Nature, 2001, 409 (6822): 791.

[27] DADA A C, LEACH J, BULLER G S, et al. Experimental high-dimensional two-photon entanglement and violations of generalized Bell inequalities [J]. Nature Physics, 2011, 7 (9): 677.

[28] GISIN N, PERES A. Maximal violation of Bell's inequality for arbitrarily large spin [J]. Physics Letters A, 1992, 162 (1): 15-17.

[29] PODERINI D, AGRESTI I, MARCHESE G, et al. Experimental violation of n-locality in a star quantum network [J]. Nature Communications, 2020, 11 (1): 1-8.

[30] PODERINI D, POLINO E, RODARI G, et al. Ab initio experimental violation of Bell inequalities [J]. Physical Review Research, 2022, 4 (1): 013159.

[31] YANG M, MENG H X, ZHOU J, et al. Stronger Hardy-type paradox based on the Bell inequality and its experimental test [J]. Physical Review A, 2019, 99 (3): 032103.

[32] PALMER T N. Experimental non-violation of the Bell inequality [J]. Entropy, 2018, 20 (5): 356.

[33] CLAUSER J F, HORNE M A, SHIMONY A, et al. Proposed experiment to test local hidden-variable theories [J]. Physical Review Letters, 1969, 23 (15): 880.

[34] WIGNER E P. On hidden variables and quantum mechanical probabilities [J]. American Journal of Physics, 1970, 38 (8): 1005-1009.

[35] REID M D. Bell inequalities for falsifying mesoscopic local realism via amplification of quantum noise [J]. Physical Review A, 2018, 97 (4): 042113.

[36] THENABADU M, CHENG G L, PHAM T L H, et al. Testing macroscopic local realism using local nonlinear dynamics and time settings [J]. Physical Review A, 2020, 102 (2): 022202.

[37] SAKURAI J J, TUANAND S F, COMMINS E D. Modern quantum mechanics, revised edition [J]. American Journal of Physics, 1995, 63 (1): 93-95.

[38] HOME D, SAHA D, DAS S. Multipartite Bell-type inequality by generalizing Wigner's argument [J]. Physical Review A, 2015, 91 (1): 012102.

[39] DAS D, DATTA S, GOSWAMI S, et al. Bipartite qutrit local realist inequalities and the robustness of their quantum mechanical violation [J]. Physics Letters A, 2017, 381 (39): 3396-3404.

[40] GU Y, ZHANG H, SONG Z, et al. Maximum violation of Wigner inequality for two-spin entangled states with parallel and antiparallel polarizations [J]. International Journal of Quantum Information, 2018, 16 (5): 1850041.

[41] NIKITIN N, TOMS K. Wigner inequalities for testing the hypothesis of realism and concepts of macroscopic and local realism [J]. Physical Review A, 2019, 100 (6): 062314.

[42] HENSEN B, BERNIEN H, DRÉAU A E, et al. Loophole-free Bell inequality violation using electron spins separated by 1.3 kilometres [J]. Nature, 2015, 526 (7575): 682.

[43] ZHONG Y P, CHANG H S, SATZINGER K J, et al. Violating Bell's inequality with remotely connected superconducting qubits [J]. Nature Physics, 2019, 15

(8): 741-744.
[44] RUZBEHANI M. Simulation of the Bell inequality violation based on quantum steering concept [J]. Scientific Reports, 2021, 11 (1): 1-11.
[45] SU H Y, WU Y C, CHEN J L, et al. Quantum nonlocality of massive qubits in a moving frame [J]. Physical Review A, 2013, 88 (2): 022124.
[46] NIELSEN M A, CHUANG I L. Quantum computation and quantum Information [M]. Cambridge: Cambridge University Press, 2010.
[47] LI Y, GESSNER M, LI W, et al. Hyper-and hybrid nonlocality [J]. Physical Review Letters, 2018, 120 (5): 050404.
[48] YIN J, CAO Y, LIY H, et al. Satellite-based entanglement distribution over 1200 kilometers [J]. Science, 2017, 356 (6343): 1140-1144.
[49] RADCLIFFE J M. Some properties of spin coherent states [J]. Journal of Physics A: Mathematical and Theoretical, 1971, 4 (3): 313.
[50] GILMORE R. Geometry of symmetrized states [J]. Annals of Physics, 1972, 74: 391.
[51] GILMORE R. On properties of coherent states [J]. Revista Mexicana de Fisica, 1974, 23: 143.
[52] PERELOMOV A M. Coherent states for arbitrary Lie group [J]. Communications in Mathematical Physics, 1972, 26: 222.
[53] ARECCHI F T, COURTENS E, GILMORE R, et al. Atomic coherent states in quantum optics [J]. Physical Review A, 1972, 6: 2211.
[54] 辛俊丽. 自旋相干态及在量子-经典对应研究中的应用 [D]. 太原: 山西大学, 2015.
[55] GAZEAU J P. Coherent states in quantum optics [M]. Berlin: Wiley-VCH, 2009.
[56] BERRY M V. Quantal phase factors accompanying adiabatic changes [J]. Proceedings of the Royal Society of London A, 1984, 392 (1802): 45-57.
[57] HANNAY J H. Angle variable holonomy in adiabatic excursion of an integrable Hamiltonian [J]. Journal of Physics A: Mathematical and General, 1985, 18 (2): 221.
[58] BERRY M V. Classical adiabatic angles and quantal adiabatic phase [J]. Journal of Physics A: Mathematical and General, 1985, 18 (1): 15.
[59] LATMIRAL L, ARMATA F. Berry-Hannay relation in nonlinear optomechanics [J]. Scientific Reports, 2020, 10 (1): 1-7.
[60] RÜCKRIEGEL A, DUINE R A. Hannay angles in magnetic dynamics [J]. Annals of Physics, 2020, 412: 168010.
[61] WHITNEY R S, GEFEN Y. Berry phase in a nonisolated system [J]. Physical Review Letters, 2003, 90 (19): 190402.
[62] COHEN E, LAROCQUE H, BOUCHARD F, et al. Geometric phase from Aha-

ronov-Bohm to Pancharatnam-Berry and beyond [J]. Nature Reviews Physics, 2019, 1 (7): 437-449.
[63] RESTA R. Manifestations of Berry's phase in molecules and condensed matter [J]. Journal of Physics: Condensed Matter, 2000, 12 (9): R107.
[64] XIN L, SIYUAN Y, HARRY L, et al. Topological mechanical metamaterials: A brief review [J]. Current Opinion in Solid State and Materials Science, 2020, 24 (5): 100853.
[65] BHANDARI R. Polarization of light and topological phases [J]. Physics Reports, 1997, 281 (1): 1-64.
[66] ANANDAN J. The geometric phase [J]. Nature, 1992, 360 (6402): 307-313.
[67] FENG L, AYACHE M, HUANG J, et al. Nonreciprocal light propagation in a silicon photonic circuit [J]. Science, 2011, 333 (6043): 729-733.
[68] GHAHARI F, WALKUP D, GUTIERREZ C, et al. An on/off Berry phase switch in circular graphene resonators [J]. Science, 2017, 356 (6340): 845-849.
[69] CISOWSKI C, GOTTE J B, FRANKE-ARNOLD S. Colloquium: Geometric phases of light: Insights from fiber bundle theory [J]. Reviews of Modern Physics, 2022, 94 (3): 031001.
[70] GANGARAJ S A H, SILVEIRINHA M G, HANSON G W. Berry phase, Berry connection, and Chern number for a continuum bianisotropic material from a classical electromagnetics perspective [J]. IEEE Journal on Multiscale and Multiphysics Computational Techniques, 2017, 2: 3-17.
[71] SONG Z, LIANG J Q, WEI L F. Spin-Parity Effect in Violation of Bell's Inequalities [J]. Modern Physics Letters B, 2014, 28 (01): 1450004.
[72] ZHANG H, WANG J, SONG Z, et al. Spin-parity effect in violation of Bell's inequalities for entangled states of parallel polarization [J]. Modern Physics Letters B, 2017, 31 (04): 1750032.
[73] GRIMME S. Improved second-order Møller-Plesset perturbation theory by separate scaling of parallel-and antiparallel-spin pair correlation energies [J]. The Journal of Chemical Physics, 2003, 118 (20): 9095-9102.
[74] BAI X M, GAO C P, LI J Q, et al. Entanglement dynamics for two spins in an optical cavity-field interaction induced decoherence and coherence revival [J]. Optics Express, 2017, 25 (15): 17051-17065.
[75] ZHAO X, LIU N, LIANG J Q. Nonlinear atom-photon-interaction-induced population inversion and inverted quantum phase transition of Bose-Einstein condensate in an optical cavity [J]. Physical Review A, 2014, 90 (2): 023622.
[76] KWIAT P G, MATTLE K, WEINFURTER H, et al. New high-intensity source

of polarization-entangled photon pairs [J]. Physical Review Letters, 1995, 75 (24): 4337.
[77] KWIAT P G, WAKS E, WHITE A G, et al. Ultrabright source of polarization-entangled photons [J]. Physical Review A, 1999, 60 (2): R773.
[78] PAN J W, BOUWMEESTER D, WEINFURTER H, et al. Experimental entanglement swapping: entangling photons that never interacted [J]. Physical Review Letters, 1998, 80 (18): 3891.
[79] JIN T, LI X, LIU R, et al. Generation of polarization-entangled photons from self-assembled quantum dots in a hybrid quantum photonic chip [J]. Nano Letters, 2022, 22 (2): 586-593.
[80] FRÖWIS F, DÜR W. Measures of macroscopicity for quantum spin systems [J]. New Journal of Physics, 2012, 14: 093039.
[81] OUDOT E, SEKATSKI P, FRÖWIS F, et al. Two-mode squeezed states as Schrödinger cat-like states [J]. Journal of the Optical Society of America B, 2015, 32 (10): 2190.
[82] GU Y, ZHANG H F, SONG Z G, et al. Extended Bell inequality and maximum violation [J]. Chinese Physics B, 2018, 27: 100303.
[83] GISIN N. Bell's inequality holds for all non-product states [J]. Physics Letters A, 1991, 154 (5-6): 201-202.
[84] POPESCU S, ROHRLICH D. Generic quantum nonlocality [J]. Physics Letters A, 1992, 166 (5-6): 293-297.
[85] GREENBERGER D M, HORNE M A, ZEILINGER A. Going beyond Bell's theorem [M]. Dordrecht: Springer, 1989.
[86] GREENBERGER D M, HORNE M A, SHIMONY A, et al. Bell's theorem without inequalities [J]. American Journal of Physics, 1990, 58 (12): 1131-1143.
[87] MONZ T, SCHINDLER P, BARREIRO J T, et al. 14-qubit entanglement: Creation and coherence [J]. Physical Review Letters, 2011, 106 (13): 130506.
[88] MERMIN N D. Quantum mysteries revisited [J]. American Journal of Physics, 1990, 58 (8): 731-734.
[89] BOUWMEESTER D, PAN J W, DANIELL M, et al. Observation of three-photon Greenberger-Horne-Zeilinger entanglement [J]. Physical Review Letters, 1999, 82 (7): 1345.
[90] PAN J W, BOUWMEESTER D, DANIELL M, et al. Experimental test of quantum nonlocality in three-photon Greenberger-Horne-Zeilinger entanglement [J]. Nature, 2000, 403 (6769): 515-519.
[91] MERMIN N D. Extreme quantum entanglement in a superposition of macroscopically

distinct states [J]. Physical Review Letters, 1990, 65 (15): 1838.
[92] ROY S M, SINGH V. Tests of signal locality and Einstein-Bell locality for multiparticle systems [J]. Physical Review Letters, 1991, 67 (20): 2761.
[93] CLIFTON R K, REDHEAD M L G, BUTTERFIELD J N. Generalization of the Greenberger-Horne-Zeilinger algebraic proof of nonlocality [J]. Foundations of Physics, 1991, 21 (2): 149-184.
[94] ARDEHALI M. Bell inequalities with a magnitude of violation that grows exponentially with the number of particles [J]. Physical Review A, 1992, 46 (9): 5375.
[95] BELINSKIĬ A V, KLYSHKO D N. Interference of light and Bell's theorem [J]. Physics-Uspekhi, 1993, 36 (8): 653.
[96] BRAUNSTEIN S L, MANN A. Noise in Mermin's n-particle Bell inequality [J]. Physical Review A, 1993, 47 (4): R2427.
[97] ŻUKOWSKI M, KASZLIKOWSKI D. Critical visibility for N-particle Greenberger-Horne-Zeilinger correlations to violate local realism [J]. Physical Review A, 1997, 56 (3): R1682.
[98] GISIN N, BECHMANN-PASQUINUCCI H. Bell inequality, Bell states and maximally entangled states for n qubits [J]. Physics Letters A, 1998, 246 (1-2): 1-6.
[99] WERNER R F, WOLF MM. Bell's inequalities for states with positive partial transpose [J]. Physical Review A, 2000, 61 (6): 062102.
[100] CABELLO A. Multiparty multilevel Greenberger-Horne-Zeilinger states [J]. Physical Review A, 2001, 63 (2): 022104.
[101] WERNER R F, WOLF M M. All-multipartite Bell-correlation inequalities for two dichotomic observables per site [J]. Physical Review A, 2001, 64 (3): 032112.
[102] CABELLO A. Bell's inequality for n spin-s particles [J]. Physical Review A, 2002, 65 (6): 062105.
[103] TURA J, AUGUSIAK R, SAINZ A B, et al. Detecting nonlocality in many-body quantum states [J]. Science, 2014, 344 (6189): 1256-1258.
[104] TURA J, AUGUSIAK R, SAINZ A B, et al. Nonlocality in many-body quantum systems detected with two-body correlators [J]. Annals of Physics, 2015, 362: 370-423.
[105] TURA J, DElASCUEVAS G, AUGUSIAK R, et al. Energy as a detector of nonlocality of many-body spin systems [J]. Physical Review X, 2017, 7 (2): 021005.
[106] DRUMMOND P D. Violations of Bell's inequality in cooperative states [J]. Physical Review Letters, 1984, 52 (18): 1654.
[107] SVETLICHNY G. Distinguishing three-body from two-body nonseparability by a Bell-type inequality [J]. Physical Review D, 1987, 35 (10): 3066.

[108] ŻUKOWSKI M, BRUKNERČ. Bell's theorem for general N-qubit states [J]. Physical Review Letters, 2002, 88 (21): 210401.

[109] GÜHNE O, TÓTH G, HYLLUS P, et al. Bell inequalities for graph states [J]. Physical Review Letters, 2005, 95 (12): 120405.

[110] ZOLLER P, BETH T, BINOSI D, et al. Quantum information processing and communication [J]. The European Physical Journal D-Atomic, Molecular, Optical and Plasma Physics, 2005, 36 (2): 203-228.

[111] GU Y, ZHANG H, SONG Z, et al. Measuring outcome correlation for Bell cat state and geometric phase induced spin parity effect [J]. International Journal of Quantum Information, 2019, 17 (04): 1950039.

[112] MERMIN N D. Quantum mechanics vs local realism near the classical limit: A Bell inequality for spin s [J]. Physical Review D, 1980, 22 (2): 356.

[113] MERMIN N D, SCHWARZ G M. Joint distributions and local realism in the higherspin Einstein-Podolsky-Rosen experiment [J]. Foundations of Physics, 1982, 12 (2): 101-135.

[114] ÖGREN M. Some evaluations of Bell's inequality for particles of arbitrary spin [J]. Physical Review D, 1983, 27 (8): 1766.

[115] ARDEHALI M. Hidden variables and quantum-mechanical probabilities for generalized spin-s systems [J]. Physical Review D, 1991, 44 (10): 3336.

[116] GU Y, LI W D, HAO X L, et al. Generalized Bell-like inequality and maximum violation for multiparticle entangled Schrödinger-cat-states of spin-s [J]. Physical Review A, 2022, 105: 052212.

[117] VAZIRI A, WEIHS G, ZEILINGER A. Experimental two-photon, three-dimensional entanglement for quantum communication [J]. Physical Review Letters, 2002, 89 (24): 240401.

[118] GU Y, BAI X M, HAO X L, et al. PT-symmetric non-Hermitian Hamiltonian and invariant operator in periodically driven su (1, 1) system [J]. Results in Physics, 2022, 38: 105561.

[119] GU Y, HAO X L, LIANG J Q. Generalized gauge transformation with PT-symmetric non-unitary operator and classical correspondence of non-Hermitian Hamiltonian for a periodically driven system [J]. Annalen der Physik, (Berlin) 2022: 2200069.

[120] LIU N, GU Y, LIANG J Q. Generalized gauge transformation and the corresponding Hermitian counterparts of SU (1, 1), SU (2) pseudo-Hermitian Hamiltonians [J]. Physica Scripta, 2023, 98: 035109.

[121] SINHA A, ZAHEED A. Bell inequalities in 2-2 scattering [J]. Physical Review D, 2023, 108 (2): 025015.

[122] STORZ S, SCHÄR J, KULIKOV A, et al. Loophole-free Bell inequality violation with superconducting circuits [J]. Nature, 2023, 617 (7960): 265-270.

[123] MORALES R A. Exploring Bell inequalities and quantum entanglement in vector boson scattering [J]. The European Physical Journal Plus, 2023, 138 (12): 1-24.

[124] BERNARDS F, GUHNE O. Bell inequalities for nonlocality depth [J]. Physical Review A, 2023, 107 (2): 022412.